桃红復含宿
雨柳绿更带
春烟花落家
僮未扫莺啼
山客犹眠

美丽乡村建设实践丛书

乡村规划与设计

陈树龙　毛建光　褚广平　编著

中国建材工业出版社

图书在版编目（CIP）数据

乡村规划与设计 / 陈树龙，毛建光，褚广平编著. -- 北京：中国建材工业出版社，2021.1（2024.1重印）
（美丽乡村建设实践丛书）
ISBN 978-7-5160-3061-5

Ⅰ. ①乡…　Ⅱ. ①陈…　②毛…　③褚…　Ⅲ. ①乡村规划—研究—中国　Ⅳ. ① TU982.29

中国版本图书馆 CIP 数据核字（2020）第 176090 号

乡村规划与设计
Xiangcun Guihua yu Sheji
陈树龙　毛建光　褚广平　编著

出版发行：中国建材工业出版社
地　　址：北京市海淀区三里河路 11 号
邮政编码：100831
经　　销：全国各地新华书店
印　　刷：北京印刷集团有限责任公司
开　　本：787mm×1092mm　1/16
印　　张：14
字　　数：280 千字
版　　次：2021 年 1 月第 1 版
印　　次：2024 年 1 月第 3 次
定　　价：58.00 元

本社网址：www.jccbs.com，微信公众号：zgjcgycbs
请选用正版图书，采购、销售盗版图书属违法行为

编 委 会

编　　著： 陈树龙　毛建光　褚广平

参　　编：（按姓氏笔画排序）

王　克　王　昱　王远毅　王冠男
王琪一　王惠强　毛　奇　毛　隽
刘　旭　许旭平　孙建春　李水江
张建新　陈海峰　竺毅君　胡　瑜
俞高良　钱　赟　倪程程　徐云昌
程　承

顾　　问： 王云江

主编单位： 杭州余杭建筑设计院有限公司

参编单位： 杭州八鑫环境建设有限公司
杭州新天地建设监理有限公司
政通建设管理有限公司
浙江湖州市建工集团有限公司
浙江东南建设管理有限公司

前 言

“绿水青山就是金山银山”，规划先行，是既要金山银山又要绿水青山的前提，也是让绿水青山变成金山银山的顶层设计。浙江各地特别重视区域规划问题，强化主体功能定位，优化国土空间开发格局，把它作为实践“绿水青山就是金山银山”的战略谋划与前提条件。从2005年到2015年，科学论断提出十年来，浙江省干部群众把美丽浙江作为可持续发展的最大本钱，护美绿水青山、做大金山银山，不断丰富发展经济和保护生态之间的辩证关系，在实践中将“绿水青山就是金山银山”化为生动的现实，成为千万群众的自觉行动。美丽乡村建设就是对这一科学论断最好的体现。建设美丽乡村是建设新农村的延伸与拓展，是人与自然和谐共处，物质与文化、生产与生活同步提升的有机过程。美丽乡村应该符合五个方面基本条件：一是要有优良的生态环境，这是美丽乡村的貌。“天蓝、山青、水绿、地净”是美丽乡村的应有之意。二是要有合理的空间布局，这是美丽乡村的形。只有布局合理、错落有致的农村才能称之为美丽乡村。三是要有完善的配套服务，这是美丽乡村的质。美丽乡村要让农民跟市民一样，享受到优质便捷的出行、就医、就学、养老等生产生活配套服务。四是要有雄厚的经济基础，这是美丽乡村的本。如果农民一年到头只能填饱肚子，就算居住环境再美丽，也难以称其为美丽乡村。五是要有和谐的社会风尚，这是美丽乡村的魂。高楼大厦、钢筋水泥体现不了美丽的内涵，和谐文明、健康淳朴的乡风才是美丽乡村真正的灵魂。总而言之，美丽乡村既要求“形态美”，也要求“内在美”，要形神兼备、美丽于形、魅力于心，这才是广大农民群众期盼的美丽乡村的模样。

近年来，浙江省深入实施“八八战略”，以“两山”理论为引领，通过乡村改造、设施配套、生态治理等系列，努力打造生态乡村，实现乡村振兴战略的第一步；大力推进“五水共治”“三改一拆”“四边三化”行动、“811”环境污染整治行动等工作，对破坏了的环境进行深入广泛的整治，擦洗了浙江大地上的污垢，使其重新焕发生机与活力。重塑了绿水青山的美丽景象之后，美丽乡村建设紧跟其上，山清水秀的自然景观改变了人们对以往乡村“脏乱差”的印象，但2.0版本的“美丽乡村”建设仍未解决乡村发展内生动力不足的问题。

目前，城镇一体化已进入新的融合发展阶段，以城带乡也要求乡村具备自身的发展能力。持有先发基础优势的浙江省，将率先进入乡村振兴计划3.0版本。浙江省围绕农业农村现代化、城乡融合发展和生态文明建设总目标，按照产业兴旺、生态宜居、乡风文明、治理有效、生活富裕的总要求，启动实施全域土地综合整治与生态修复工程，通过创新土地制度供给和要素保障，优化农村生产、生活、生态用地空间布局，形成农田连片与村庄集聚的土地保护新格局、生态宜居与集约高效的农村土地利用空间结构，确保乡村振兴战略扎实有序推进、继续走在前列。本书介绍了美丽乡村发展的意义，提出了美丽乡村建设的主要设计方向，通过不断完善设计蓝图，推动乡村规划设计的升级。本书结合“秋石路延伸工程丁山河村拆迁农居安置点市政配套工程”及“东林镇泉益村美丽乡村精品村村庄建设规划”这两个工程实例，由点及线再由线到面地阐述应用于实践的美丽乡村规划设计。

本书结合“生态人居”“生态环境”“生态经济”“生态文化”四大乡村工程建设，加入实际规划设计实例，全面、系统而具体地介绍了乡村生态人居住宅建筑工程、配套完整的乡村基础设施、家用生活设施的建设与应用，以及乡村建筑的节能减排、乡村园林等建筑施工技术，突出了“内容新”“讲解明”“易领会”“能操作”的编写思路，可作为美丽乡村建设相关管理者、设计者以及建筑施工人员的技术参考用书，也可作为高职院校建筑施工相关专业的培训教材。

编著者

2020 年 10 月

目　录

总　论

习近平同志在十九大报告中指出，农业、农村、农民问题是关系国计民生的根本性问题，必须始终把解决好“三农”问题作为全党工作的重中之重，实施乡村振兴战略。中国要强，农业必须强；中国要富，农民必须富；中国要美，农村必须美。建设美丽中国，必须建设好“美丽乡村”。

建设美丽乡村不仅仅是农村居民的需要，也是城市居民的需要。农村所有问题，包括生态问题、环境问题、文化问题，影响的不仅仅是农村人口的生产生活问题，也从各方面影响到城市产业发展和城市居民的生活。比如，水土流失问题、土壤污染问题、沙尘暴问题、水的污染问题等，都直接通过大气或者食品等影响到城市居民。更进一步讲，农村作为空间的界限也日益模糊。农村距城市的距离越来越短，有越来越多的城市居民选择到农村去度假。随着中国现代化建设的发展，我国城乡联系也将日益密切，因此，建设美丽乡村不仅仅是农村居民的需要，也是城市居民的需要，是整个社会的需要。

美丽乡村规划的实质是中国社会主义新乡村建设的升级阶段，其核心在于振兴乡村经济，优化乡村空间布局，改善乡村人居环境、生态环境，保护乡村文化遗产等作为。美丽乡村规划是改变乡村资源利用模式、推动乡村产业发展的需要，是提高农民收入水平、改善其生活环境的需要，是保障农民利益、民生和谐的需要，是保护和传承文化、改善乡村精神文明建设的需要，是提高农民素质和新技能、促进其自身发展的需要。

近年来，浙江省深入实施“八八战略”，以“两山”理论为引领，通过乡村改造、设施配套、生态治理等系列，努力打造生态乡村，实现乡村振兴战略的第一步；以“五水共治”“四边三化”“三改一拆”为抓手，大力改善农村生态环境；全面推行“河长制”，完成“清三河”治理任务；乡村环境指标达标后，美丽乡村建设紧跟其上。山清水秀的自然景观改变了人们以往对乡村“脏乱差”的印象，但2.0版本的“美丽乡村”建设仍未解决乡村发展内生动力不足的问题。

目前，城镇一体化已进入新的融合发展阶段，以城带乡也要求乡村具备自身的发展能力。持有先发基础优势的浙江省，将率先进入乡村振兴计划3.0版本，大力开展美丽乡村示范县、示范乡镇、特色精品村创建和美丽乡村风景线打造，实行全域规划、全域提升、全域建设、全域管理，推进美丽庭院、精品村、风景线、示范县四级联创，初步形成了“一户一处景、一村一幅画、一线一风景、一县一品牌”的大美格局。浙江省围绕农业农村现代化、城乡融合发展和生态文明建设总目标，按照产业兴旺、生态宜居、乡风文明、治理有效、生活富裕的总要求，启动实施全域土地综合整治与生态修复工程，通过创新土地制度供给和要素保障，优化农村生产、生活、生态用地空间布局，形成农田连片与村庄集聚的土地保护新格局，形成生态宜居与集约高效的农村土地利用空间结构，确保乡村振兴战略扎实有序推进。

农村改造已在浙江启动，其乡村建设可谓走在了全国前列，本书的出版有助于将其创新发展模式推广到全国各地。

第一章　乡村发展历程与特点及其启示

第一节　我国乡村建设的发展历程

从历史变迁对乡村社会性质的影响而言，中国从成立至今经历了土地革命、社会主义改造、改革开放和市场化转型四次重大变迁。

一是1949年到1952年年底，由中国共产党领导的土地革命在农村基本完成。农村土地革命不仅彻底打破农村以往的土地格局，还逐步形成了土地集体所有的格局，彻底改变了农村社会经济发展的制度基础。

其次，1949年到1956年的社会主义改造实现了生产资料从私有制向公有制的转变。1958年的“大跃进”和人民公社化运动，彻底改变了乡村的性质，农户由以前的个体经营转向集体经营，村民的生活逐渐受到国家计划和集体经营的制约，逐步走向政治性。

再到家庭联产承包责任制改革全面推进之后，因为集体经济下的乡村经济逐渐凋敝和落后，农民自发形成的土地承包和独立经营使乡村格局再一次发生了改变。乡村社会的政治性逐渐褪色，但是这时候的家庭经营已不再是传统乡土社会中的小农生产，而是传统性和计划性兼具的家庭农业。另外由于乡镇企业的异军突起，乡村已经演变为亦工亦农的社会空间。

到了20世纪90年代，粮食统购统销政策的取消和中国社会的市场化转型，乡村社会逐渐面临市场的入侵，城乡逐渐呈现出二元分化的局面，市场化彻底改变了乡村社会的生产生活方式，农民为了在市场中获取更多的发展机会，出现了“闯市场”的现象。

市场逐渐入侵下的乡村社会，村民与外界的联系不断加强，乡村原有的生产生活方式也逐渐被改变，社会结构也随之变化，乡村逐渐形成了后乡土社会的特征。

改革开放以来，改善农村状况一直是党和国家制定政策的重心所在，党管农村工作的传统和原则得到贯彻实施。从1982年到1986年，党中央连续发布以农业、农村和农民为主题的“中央一号文件”，从2004年到2019年连续发布以“三农”为主题的“一号文件”，突出强调“三农”问题的重要地位。比如2004年的工作重心是促进农民增加收入，2006年的工作重心是推进社会主义新农村建设，2010年的工作重心是加大统筹城乡发展力度，2014年的工作重心是全面深化农村改革加快推进农业现代化，2017年的工作重心是深入推进农业供给侧结构性改革等。通过这些主题的设置与政策的实施，“三农”问题得到极大改善。2018年，“中央一号文件”聚焦乡村振兴战略。具体来说，乡村振兴战略是党的十八大以来，党中央关于中国“三农”问题与乡村建设系列方针政策的总结和升华。2015年4月30日，习近平在中央政治局第22次集体学习时指出：“把工业反哺农业、城市支持农村作为一项长期坚持的方针，坚持和完善实践证明行之有效的强农惠农富农政策，动员社会各方面力量加大对‘三农’的支持力度，努力形成城乡发展一体化新格局。”2018年3月8日，习近平在参加十三届全国人大一次会议山东代表团审议时指出：“实施乡村振兴战略是一篇大文章，要统筹谋划，科学推进。要推动乡村产业振兴，紧紧围绕发展现代农业，围绕农村一二三产业融合发展，构建乡村产业体系，实现产业兴旺，把产业发展落到促进农民增收上来，全力以赴消除农村贫困，推动乡村生活富裕。”2019年“中央一号文件”明确指出要全面推进乡村振兴，确保顺利完成到2020年承诺的农村改革发展目标任务，直接将乡村振兴战略同中国社会发展的总体性目标联系起来。

乡村振兴战略是改革开放40多年来党和国家在乡村建设领域的顶层设计。从某种意义上说，改革开放40多年，也正是党和国家主导乡村建设的40年。如前所述的乡镇企业，在这40年间并非匀质进行，而是呈现出明显的阶段性特征。其中，第一个10年是改革阶段，第二个10年是调整阶段，第三个10年是建设阶段，而第四个10年则是走向复兴阶段。从第三个10年开始，“以工补农”替代“以农哺工”提上议事日程，税费改革不断推进，到2006年彻底取消农业税，都属于在农业经济层面实施“以工补农”的实践。国家总体目标发生根本转变，从国家政权组织形式看，农业税取消后，基层政府呈现从“汲取型”向“悬浮型”转变。与此同时，为改善村民居住环境，党和国家先后提出“新农村建设”“美丽乡村”“特色小城（镇）建设”“异地扶贫搬迁”等系列举措，取得了可观的成效。在此背景下，乡村振兴战略的提出使乡村建设进入新阶段。

乡村振兴战略是基于我国社会主要矛盾发生变化的科学判断基础上提出来的。党的十九大报告指出：中国特色社会主义进入新时代，我国社会主要矛盾已经转化为人民日益增长的美好生活需要和不平衡不充分的发展之间的矛盾。与此相对应，乡村振兴战略的重点已不再是解决温饱问题，而是探索如何满足农民日益增长的美好生活需要。《中共中央国务院关于实施乡村振兴战略的意见》明确指出：实施乡村振兴战略，是党的十九大做出的重大决策部署，是决胜全面建成小康社会、全面建设社会主义现代化国家的重大历史任务，是新时代“三农”工作的总抓手。由此可见，与国民政府时期“农村复兴”计划和中华人民共和国成立初期土地改革和农业集体化过程中将农村建设视为实现国家总体目标的手段不同，乡村振兴战略本身融汇在“实现中华民族伟大复兴的中国梦”这一总体性国家目标之中，换句话说，乡村振兴本身就是实现中华民族伟大复兴的中国梦的重要组成部分，实现乡村振兴是现阶段国家发展的总体目标之一。

第二节　我国乡村的特点

乡村社会是由一个个村庄和村落组成的，其共享着村庄范围内的资源，并通过长期的生产生活实践，彼此之间有着共同的文化认同，逐渐形成了乡村社会约定俗成的社会秩序，在这样的基础之上村落便很容易形成村落共同体。经历了一系列的历史变迁后，我们的传统的乡土社会的一些特征逐渐发生变化，现在已呈现出具有中国特色的乡村特点。

一、与农业生产紧密结合

农村是广大农民居住生活的场所，它充分反映以农业为基础的生产、生活组织方式。土地耕种是农业生产的主要方式，农村居民点是按照一定的耕作半径进行分布的。

由于气候、土壤、栽培作物和农业机械化、水利化的不同，栽培和耕作技术各有很大差异。以此为基础，可以将全国的农业地区划分为多种类型。其间的居民点分布充分反映了农业生产的特点，例如，在我国华北的黄河中下游平原、淮河平原是典型的一年二熟地区，这一带农业发达，人口稠密，村庄一般相间 400 ～ 1000m 分布，村庄布局整齐，街道大多东西走向，住宅以四合院为主，而在长江中下游的苏南和杭嘉湖地区，地势平坦低洼，河道纵横交错，是我国著名的鱼米之乡，由于农业生产与水系关系紧密，形成了“村不离水”的特色，耕作半径都在 100 ～ 200m 之间，或称为“一肩之遥”的挑担能力范围之内，村落经常是只有几户人家集聚，村与村之间的距离在 200 ～ 300m 之间。

村庄的内部建设也与农业生产紧密结合，居民点中要安排必要的生产建筑和各种放置生产资料的场所（如农机具仓库、畜舍）。这些设施又与田间的农业生产紧密结合在一起，使农村的生产生活有机结合起来。

二、地域特点鲜明

我国地域辽阔，又是多民族国家，各地区、各民族的农村建设都具有鲜明的特点，形成了丰富多彩的艺术风貌。如北方的四合院、南方的厅堂式住宅、福建的圆楼、黄土高原的窑洞等，不仅反映了农村建设要适应气候条件，而且具有突出的地方文化特色和民族特色。

三、功能综合配套

村庄是我国农村居民生产、生活的中心，不仅要建设必要的生产设施，还要配套完善日常生活所必需的各种公共服务设施，如学校、医疗服务站、文化体育活动和行政管理场所等，其本身就是基层的管理、文化、生活和生产的公共活动中心，由于经济发展水平差异大，农村的公共设施配套建设水平还参差不齐，所以加强农村公共设施的建设，是今后农村发展的重点，也是提高农村居民生活水平的重要途径。

四、基础设施条件差

我国的村庄规模普遍较小，且存在着布局分散、自身的建设能力有限等现实，大多数农村基础设施薄弱，普遍存在着道路系统不完善、路面质量差、给水排水设施不齐全、电力供应不足等问题。

总之，在我国几千年的农业文明中，积累了丰富的农村建设经验和优良的文化传统，在进行村庄规划和建设时，要充分挖掘和展示其优点，改善不足，逐步提高农村的建设水平，缩小城乡差别。

第三节　国外乡村建设的发展历程

一、美、英为代表的欧美发达国家城市化中小城镇发展与建设

1. 美国中小城镇建设

1）推行农工协调发展的城市化道路

美国是一个以农村、农业开启其历史的国家，城市化起步比欧洲国家晚，但城市化速度却不比任何国家逊色，1920 年城市人口就超过了农村，1998 年城市化率为 76%。美国的工业化是由消费品中的纺织工业，更具体地讲是从棉纺织业开始的。这种工业化特点使农业等基础产业发展较快，反过来又刺激了工业发展，农工协调发展促进了城市化的较快发展，美国不像欧洲和日本那样，在工业化、城镇化过程中农业出现了衰退，美国农业一直发展较快，为城镇化解决了粮食问题、提供了原料和广大的国内市场。同时，农业是美国城镇化初期资本积累的两个主要来源之一。

随着产业活动及就业活动的郊区化，经济活动和人口持续不断地由城市中心向外

围和由大城市向中小城市迁移和扩散，郊区人口在总人口中的比例越来越大，制造业和服务业成为地方经济的支柱产业，乡村和城市的生活方式逐步融合，经济上的差别正在变得越来越不重要，城乡一体化格局逐步形成。

2）重视中小城镇的发展

美国在加强大都市圈和城市带建设的时候，非常重视中小城市和中心镇的发展。美国从 20 世纪 30 年代开始，小城镇人口的比重显著上升。美国实行“示范城市”的试验计划，其实质就是通过大城市人口的分流，充分发展小城镇。近几十年发展起来的大都市区、城市圈或称为卫星城集中起来的城市带，是大批小城镇的集合体。美国城市的规模差别很大，从几百万人口到几百人都有，但以 10 万人以下的小城市（镇）居多，大约占城市总数的 99.3%。

2. 英国郊区新镇建设

1）重视城市与区域规划

英国是城市化起步最早的国家。19 世纪末，日益严重的城市问题变成一个广泛的社会问题，社会各阶层对这一问题进行了不同方式的探讨，从而诞生了霍华德的花园城市规划理论“20 世纪初，为了解决城市人口过度集中问题，郡一级政府在开始着手人口疏散工作，市中心人口密度逐渐下降，城市边缘区土地压力加大”。“二战”期间，为了解决城市建设的土地问题，英国开始了区域规划，其中一项重要的实践就是编制大伦敦规划，其内容主要表现就是促使农业区与城市发展区统一规划布局，达到城乡协调。

2）重视郊区新镇建设

第二次世界大战以后，英国政府开始大规模建设新镇。在 1946—1970 年间，英国共建立了 33 座新镇。其中，英格兰和威尔士的 24 座新镇总共居住了 230 多万人，提供了 100 多万个就业机会。新镇建设是英国战后最重要的城市政策，其发展经验现在被广泛地用于世界城市规划和建设领域，为战后世界范围内的城市规划理论和实践的发展奠定了重要基础。20 世纪 70 年代以后，新镇开发不仅仅局限在大城市周围地区，还进一步扩大到整个城乡区域，并且新镇规模逐渐变大。

3. 美英城市化进程中乡村建设经验

美、英等国在城市化过程中，如何处理城市与农村、工业与农业的关系，以及如何促进乡村发展等方面，具有很多值得我们学习的成功经验，其中突出的有：①城市化进程中要处理好工业与农业、城市与农村等方面的关系。美国在工业化、城市化过程中，农工关系比较协调，农业发展一直比较顺利，为城市化提供了条件。英国在城市化初期由于忽视了农业和农村发展，在城市化过程中都出现了比较严重的城市过密问题和乡村衰退问题，在城市化达到一定水平时，又回过头来重视乡村建设。②各国城市化道路和乡村建设的途径存在很大差异，但乡村建设的根本出发点都是缩小城乡差别，实现城乡一体化。乡村建设重在基础设施和公共服务设施建设，改善乡村人居环境。

二、日、韩为代表的工业后发国家城市化背景下乡村建设

1. 日本“村镇综合建设示范工程”

1）日本城市化进程中乡村衰微问题

日本城市化开始于明治维新时期，但直到1940年，城市化水平仍落后于当时欧美工业化国家。二十世纪五六十年代，日本处于高度经济成长时期，农村人口急剧流向城市，地域间差异扩大，传统的村落社会迅速崩溃，以乡村为代表的地方圈人口迅速减少，出现所谓的农村“过疏问题”。农村“过疏”产生了社会普遍关注的问题，首先是农村地区的生活与社会基础弱化，出现萧条凋闭景状；其次，以青年层为中心的大规模的人口离村，形成了乡村社会人口构成的老龄化；最后，乡村地区以农业为主的生产功能越来越难以维持。

2）“村镇综合建设示范工程”

针对高速城市化背景下出现的乡村人口“过疏问题”和乡村衰微现象，日本政府一方面制定了大量法律促进农村发展；同时，政府重视对农村、农业的投资，进行农村公共设施建设。为促进村镇的可持续发展，政府规划并实施了旨在改善农村生活环境，缩小城乡差别的“村镇综合建设示范工程”。其内容包括村镇综合建设构想（村镇未来前景的展望、产业的振兴、生活环境建设、社会组织以及地区经营等）、建设计划（村落、道路、上水道、排水设施、土地用途划分、工商设施、公共设施的建设目标）、地区行动计划。根据各地区的实际情况，村镇示范工程适用对象的范围可以是“几个村落”“单一的市（镇、村）”或者“几个市（镇、村）”。示范工程实施的主体通常由政府承担，投资费用的50%由中央政府承担，其他由各级政府分担。

2. 韩国新村运动

1）新村运动的城市化背景

20世纪60年代以来，随着工业化和城市化进程加快，大批农村年轻人纷纷涌入大城市，一次又一次冲击着农村原有的传统文化、伦理和秩序。城市居民和农民的年均收入差距拉大，导致农村人口的大批流动，并带来了许多城市社会问题，而部分农村地区的农业濒临崩溃。与此同时，韩国经济依靠出口导向型的发展模式，取得了成功，政府已经有财力支援农业，用以缩小城乡、工农间的差距。在这种社会背景下，“新村运动”出台了。

2）“新村运动”的实施与内容

1970年，韩国发起了“新村运动”，设计实施一系列开发项目，以政府支援、农

民自主和项目开发为基本动力和纽带，带动农民自发的家乡建设活动。“新村运动”初期，政府把工作重点放在改善生活环境上，通过一系列项目开发和工程建设，增加了农民的收入，改变了农村面貌，得到了广大农民的拥护和称赞。“新村运动”初期的主要任务：改善农村公路、改善住房条件、改善农村水电设施、增加农民收入、兴建村民会馆。

20 世纪 90 年代，韩国政府认为已经完成了运动初期需要政府支持、协调和推进的使命，于是便通过规划、协调、服务来推动“新村运动”向深度和广度发展。在扩大非农收入、建设现代化的农渔村、扩建农渔村公路、鼓励经营农业、增加信用保证基金、搞活农用耕地交易、健全食品加工制度、建立竞争制度、建立健全农业支持机构等方面推出了诸多具体措施。

3. 日、韩乡村建设的主要经验

韩国“新村运动”和日本“村镇综合建设示范工程”均在国家发展和社区经济开发中发挥了巨大作用，两国农业与农村经济因此发生了巨大变化，农村居民和城市居民的收入差距进一步缩小。日韩两国主要的成功经验：①加大工业反哺农业、城市反哺农村的力度；②转变政府角色，通过制定科学规划引导乡村发展，实行分类分区指导，加大乡村基础设施和公共服务设施投资建设力度；③充分发挥乡村社区主导性，突出乡村的地域特色等。

第四节　国外乡村的特点

建设新型农村是世界上所有国家或地区实现由传统社会向现代社会转型过程中的一个必经阶段，同时也是建设现代化国家必须实施的重要战略之一。一些发达国家或地区已经踏上或经历了这个历史阶段的实践告诉我们，发展中国家也必须经历这一过程并完成这一历史任务。东亚的韩国在 20 世纪 70 年代初就开始实施了世界闻名的“新村运动”，日本在 20 世纪 70 年代末开始了“造村运动”，其他西方发达国家，如法国、德国、英国及美国等也都采取了不同的措施进行农村改革和建设。这些国家通过农村改革和建设，既提高了农民的物质文化生活水平和质量，又缩小了农村与城市之间的差距，基本解决了农村与城市发展不协调的问题，积累了农村建设的经验。考察世界有关国家新农村建设的发展历程，可以看出以下共同特点。

一、决策的科学性

政府对新农村建设必须有一个长远而系统的规划，明确所要达到的目标，并一以贯之，坚持在推动过程中对新农村建设运动进行规范，在规范的过程中完善和升级，这里就必然涉及一个决策科学化的问题。在这方面韩国的做法具有代表性。韩国所实施的“新村运动”项目都是由专家经过周密研究后设计的，是用现代科学和理念决策的产物。韩国的“新村运动”发展到今天已经历了4个阶段，政府对每一个阶段都有明确的决策要求和规划目标。4个阶段由易到难、由浅入深，政府有通盘规划，并在新村建设过程中进行推动和规范。这是韩国“新村运动”取得了举世瞩目成就的重要经验。

二、发展的阶段性

从世界各国新农村建设的发展过程来看，新农村建设是一个渐进式的过程，具有明显的阶段性。日本新农村建设经历了两个阶段：第一阶段，以农业现代化带动农村发展；第二阶段，新农村建设与农业发展并行。欧盟新农村建设分3个阶段：第一阶段，以农业结构调整促农村发展；第二阶段，从以农业生产为中心向关注农村发展过渡；第三阶段，农村与农业共同发展。韩国“新村运动”经历了30年历程，第一阶段，“新村运动”迅速向城市扩大；第二阶段，建设工农基地及新农村工厂等，推进城乡一体化；第三阶段从政府主导方式转变为民间主导方式；第四阶段，掌握了农村发展的空间，提高了农业及农产品的国际竞争力。

三、模式的多样性

从韩国、欧盟和日本的经验来看，找不到适用于各地区的标准化的新农村建设模式。每种新农村建设模式都取决于当地的自然环境、资源禀赋、经济水平、制度环境、人文历史、发展机遇等多种要素。欧盟、日本以立法为主要手段，采取温和的渐进方式，促进农村发展；韩国则以行政运动为主要手段，采取迅猛的激进方式，推进农村发展。尽管各国农村发展道路不同，但尊重农民的主体地位、发挥政府的扶持功能、改善农民的生产生活条件等内容是基本一致的。显然，我国地域辽阔，各地的自然条件和社会经济状况不同，适宜各地的新农村建设模式也应是多种多样的。

四、环境的友好性

环境的友好性就是对环境的倍加珍惜和保护，或者说亲环境。这是世界农业发展、新农村建设的必然趋势。韩国的农业发展和新农村建设对我国颇有启示。除著名的“新村建设”之外，其亲环境农业的发展也值得我们关注和借鉴。

五、生产的高效性

由于采取现代先进农业科学技术，世界各国的农业生产效率日益提高。如荷兰的气候条件并不优越，却是世界第二大农产品出口国，其重要原因就是发展农业高效种植技术，将生物技术、电脑控制技术、精准水肥管理技术等应用于农业生产全过程，实行温室种植、智能化管理，这大大提高了农业生产的时间、空间和光、热、水、气、肥等各种资源的利用效率，大幅度提高农业生产效率。

第五节 国内外乡村建设实践对我国的启示

一、“城市反哺农村、工业反哺农业”是城市化发展的必然趋势

从国外城市化历程看，乡村建设与规划是城市化发展到一定阶段的客观要求，对于欧美等工业化起步比较早的发达国家，城市化过程基本上表现为城乡互动协调发展，工业化、城市化和农业现代化是同步推进的。当国家基本实现工业化和城市化时，工业化和城市化引起的城市问题开始显现。特别是第二次世界大战以后，工业化和城市化进程迅速加快，人口过多向城市尤其是大城市集中，造成一系列的城市问题，人口郊区化趋势日益明显，随之而来的郊区发展问题被提到议事日程，政府开始注重郊区城镇和新社区的建设与规划工作。可以说，欧美等先行工业化国家是在基本实现国家工业化和城市化的阶段，为了解决城市问题而重视乡村建设。

与欧美等先行工业化国家不同，以韩国、日本为代表的工业化后发国家，在其快速工业化和城市化过程中，乡村发展资源如人口、资金、土地等迅速流入非农产业和城市，农业和乡村出现迅速衰退现象，城乡发展差距日益拉大。在出现城市“过密化”问题的同时，乡村则出现所谓的“过疏化”问题，并且乡村过疏化问题更为突出，对工业化和城市化产生了负面影响。当这些国家工业化和城市化达到一定水平时（实现或基本实现城市化），国家具备了扶持乡村发展的经济实力和技术支持能力，同时城市发展中面临的过密化问题等也需要通过振兴农业和乡村来解决。

国内一些经济发达地区，如上海、浙江、广东等省市，自改革开放以来，都经历了快速工业化和城市化过程，城镇发展进入了快速扩张时期。当前城乡差距拉大趋势明显，城乡矛盾突出，长期积累而成的“三农”问题也比以往任何时候都要突出。着眼于解决“三农”问题，围绕城乡统筹发展、实现城乡一体化这一目标，国家政府和地方政府开始乡村建设和规划工作摆上了政府工作议程，提出了“城市反哺农村，工业反哺农业”的城乡协调发展新思路。

二、我国农村城市化正处于加速阶段，重构乡村空间结构、实现城乡统筹发展势在必行

根据城市化发展的阶段规律，城市化加速发展将导致的人口结构、城乡空间结构

和乡村地域的社会经济结构必将发生巨大变化，对乡村建设规划提出了新的要求。为了促进城乡协调发展、加快农业与农村现代化进程、合理利用土地资源，进行乡村建设规划势在必行。

城乡统筹发展，实现城乡一体化是我国乡村建设与规划的根本目标。从国外城市化过程看，城乡协调发展是城市化发展的重要基础，城乡一体化是区域城市化高级阶段的必然要求。当前，我国乡村建设和规划实践中，要把打破目前城乡分隔的二元地域结构和经济结构作为规划建设的目标，重点建设农村小城镇，完善县域城乡空间体系，实现城乡空间整合；加快村庄整治改造，加快乡村基础设施和社会服务实施建设配套，改善乡村生活生产条件，加快乡村由传统社会向现代社会转型，实现城乡社会的融合。

三、加强中心城市和重点城镇建设，合理布局农村居民点，完善基础设施

农村城市化是我国城市化战略重要组成，是我国当前解决“三农”问题的有效途径之一，在转移农村剩余劳动力、实现农业规模化经营等方面具有积极的作用和很强的现实意义。但要认识到农村城市化也存在规模效益低、资源尤其是土地资源利益集约化程度低等现实问题。因此，农村城市化要有一个规模限制，不能遍地开花式推进农村城市化，要以重点城镇为主，县域农村城市化的最主要人口集聚空间在中心城镇（县城或中心镇）。

同时，要认识到并不是城镇化水平越高越好，城镇化推进一定要与区域农业现代化水平、区域社会经济条件相一致。从英、美、日、韩等国家城市化经验看，乡村并不代表落后和不发达，保持一定规模农业和乡村人口是国家或地区社会经济发展的需要。

因此，在制订区域发展战略、编制城乡发展和建设规划时，一要构建合理的城乡聚落体系，城镇发展要以中心城镇和中心城市为重点，构建规模集聚效益高、设施配套、功能完善的区域城镇体系。在村镇布点上既要考虑规模，又要考虑方便生产和生活；二要充分考虑农村发展的需要，在积极推进农村城市化过程中，还要积极稳妥地推进农业现代化进程。乡村建设重在基础设施和公共服务设施建设，改善乡村人居环境。要为农村提供极其短缺的公共产品方面加大力度，扩大农村义务教育、基础设施、交通网络、信息平台的建设和完善的投入，彻底改造禁锢农民的旧有体制，努力将农村潜在的比较优势发挥出来，吸引城里人到农村来，允许村里人自由到城里去，在城乡之间实现生产要素的优化配置和经济信息的充分流动。

四、正确处理城镇和农村、农业与非农业、政府与居民等方面的关系

首先，要认识到乡村建设和规划是一项浩大的工程，需要政府在规划上发挥主导作用，在政策上给予积极引导。国内外乡村建设成功的国家和地区，无不是在政府的有力引导下进行的，从上面介绍的英、美、韩、日等国家及上海、浙江、广东等省市乡村建设经验看，政府的乡村政策均起到了很强的导向作用。乡村发展和村镇建设需要政府的大力支持和居民积极参与，两者缺一不可。政府在宏观上确定乡村发展方向，在政策上给予保障，在资金和技术上给予扶持。居民要在村镇建设过程中给予理解和支持，对规划编制和实施要积极参与并表达他们的看法。

在乡村建设和规划方面，要转变政府职能，改变过去计划经济时期形成的政府包办一切的工作作风，不靠行政命令和下指标来推动工作。如何调动社会各方面力量参与和支持乡村建设和规划，如何协调好工业与农业、城市与乡村以及各个区域等利益主体的关系，这才是政府工作的着眼点和主要任务，并围绕这个着眼点和主要任务，进行制度创新和政策制定。

从政府角度看，主要工作：一是做好规划，即区域总体发展规划和乡村建设规划；二是制定规则，即乡村建设中如何保护农民利益、农村利益、农业利益，为城乡协调发展创造良好的制度环境；三是在加大乡村基础设施和公共服务设施建设力度，为乡村建设和发展创造基础条件。

其次，乡村建设规划过程中借鉴其他地区成功经验，注意协调好各方面关系。尽管各个地区城市化的特点不同，乡村建设中面临的问题也不一样，但国外一些国家和地区在处理城市与农村、工业与农业的关系，以及如何促进乡村发展等方面的经验与措施，对我国城市化加速时期如何改造农村、如何进行乡村建设规划具有一定的借鉴意义，主要包括以下几个方面。

第一，处理好中心城镇与一般城镇的关系。进一步强化中心城镇的集聚功能，使之成为整个市域城乡聚落的强大集聚中心，一般城镇和集镇主要是完善生活和农业服务实施，适当发展农产品加工为主的非农产业，逐步建成农村新型社区，成为农民集中居住的主要中心。

第二，处理好城镇聚落与农村聚落的关系。构建合理的城乡聚落体系，即：中心城市—中心镇—农村新型社区，通过功能分工和行政区划调整，城乡聚落逐步成为一个有机整体；中心城市和中心城镇是区域非农产业和非农人口的主要集聚地，一般城镇和集镇既是非农产业和非农人口的集聚地，同时也是部分农业和农业人口的集中居住地。同时规划建设一批生活生产功能配套、布局合理、规模适宜的农村新型社区，作为未来农业人口集中居住的主要载体。

第三，要处理好农民集中居住、乡村工业集中开发和农业规模经营的关系。以非农产业集中，促进农村城镇发展和人口集中居住。依托城镇规划建设工业园区，引导乡村工业向各级工业园区集中；进行现代农业规划，引导农业规模化经营；结合农业规模化经营趋向，合理规划布局农村居民点。

第六节 实施乡村振兴战略，建设美丽乡村

乡村振兴战略是习近平同志2017年10月18日在党的十九大报告中提出的战略。十九大报告指出，农业、农村、农民问题是关系国计民生的根本性问题，必须始终把解决好“三农”问题作为全党工作的重中之重，实施乡村振兴战略。

2018年1月2日，国务院公布了2018年“中央一号文件”，即《中共中央国务院关于实施乡村振兴战略的意见》。2018年3月5日，国务院总理李克强在《政府工作报告》中提出，大力实施乡村振兴战略。2018年5月31日，中共中央政治局召开会议，审议《国家乡村振兴战略规划（2018—2022年）》。2018年9月，中共中央、国务院印发了《乡村振兴战略规划（2018—2022年）》，并发出通知，要求各地区各部门结合实际认真贯彻落实。

坚持农业农村优先发展，按照产业兴旺、生态宜居、乡风文明、治理有效、生活富裕的总要求，建立健全城乡融合发展体制机制和政策体系，统筹推进农村经济建设、政治建设、文化建设、社会建设、生态文明建设和党的建设，加快推进乡村治理体系和治理能力现代化，加快推进农业农村现代化，走中国特色社会主义乡村振兴道路，让农业成为有奔头的产业，让农民成为有吸引力的职业，让农村成为安居乐业的美丽家园。

一、乡村振兴战略实施的原则

实施乡村振兴战略，要坚持党管农村工作，坚持农业农村优先发展，坚持农民主体地位，坚持乡村全面振兴，坚持城乡融合发展，坚持人与自然和谐共生，坚持因地制宜、循序渐进。巩固和完善农村基本经营制度，保持土地承包关系稳定并长久不变，第二轮土地承包到期后再延长30年。确保国家粮食安全，把中国人的饭碗牢牢端在自己手中。加强农村基层基础工作，培养造就一支懂农业、爱农村、爱农民的“三农”工作队伍。

二、乡村振兴战略实施的意义

乡村是具有自然、社会、经济特征的地域综合体，兼具生产、生活、生态、文化

等多重功能，与城镇互促互进、共生共存，共同构成人类活动的主要空间。乡村兴则国家兴，乡村衰则国家衰。我国人民日益增长的美好生活需要和不平衡不充分的发展之间的矛盾在乡村最为突出，我国仍处于并将长期处于社会主义初级阶段的特征很大程度上表现在乡村。全面建成小康社会和全面建设社会主义现代化强国，最艰巨最繁重的任务在农村，最广泛最深厚的基础在农村，最大的潜力和后劲也在农村。实施乡村振兴战略，是解决新时代我国社会主要矛盾、实现“两个一百年”奋斗目标和中华民族伟大复兴的中国梦的必然要求，具有重大现实意义和深远历史意义。

实施乡村振兴战略是建设现代化经济体系的重要基础。

实施乡村振兴战略是建设美丽中国的关键举措。

实施乡村振兴战略是传承中华优秀传统文化的有效途径。

实施乡村振兴战略是健全现代社会治理格局的固本之策。

实施乡村振兴战略是实现全体人民共同富裕的必然选择。

三、乡村振兴战略实施的关键

中国共产党是领导我们事业发展的核心，毫不动摇地坚持和加强党对农村工作的领导，确保党在农村工作中始终总揽全局、协调各方，为乡村振兴提供坚强有力的政治保障，是乡村振兴战略成功的关键。

消除贫困、改善民生、逐步实现共同富裕，是中国特色社会主义的本质要求。2018 年 12 月 19 日至 21 日的中央经济工作会议指出，打好脱贫攻坚战，要一鼓作气，重点解决好实现“两不愁三保障”面临的突出问题，加大“三区三州”等深度贫困地区和特殊贫困群体脱贫攻坚力度，减少和防止贫困人口返贫，研究解决那些收入水平略高于建档立卡贫困户的群体缺乏政策支持等新问题。

四、乡村振兴战略实施的时间表

2017 年 12 月 29 日，中央农村工作会议首次提出走中国特色社会主义乡村振兴道路，让农业成为有奔头的产业，让农民成为有吸引力的职业，让农村成为安居乐业的美丽家园。

实施乡村振兴战略“三步走”时间表如下。

按照党的十九大提出的决胜全面建成小康社会、分两个阶段实现第二个百年奋斗目标的战略安排，中央农村工作会议明确了实施乡村振兴战略的目标任务：

到 2020 年，乡村振兴取得重要进展，制度框架和政策体系基本形成；

到 2035 年，乡村振兴取得决定性进展，农业农村现代化基本实现；

到 2050 年，乡村全面振兴，农业强、农村美、农民富全面实现。

2018年9月21日，中共中央政治局就实施乡村振兴战略进行第八次集体学习。中共中央总书记习近平在主持学习时强调，乡村振兴战略是党的十九大提出的一项重大战略，是关系全面建设社会主义现代化国家的全局性、历史性任务，是新时代“三农”工作的总抓手。

五、乡村振兴战略实施的路径

中国特色社会主义乡村振兴道路怎么走？会议提出了七条“之路”：

必须重塑城乡关系，走城乡融合发展之路；

必须巩固和完善农村基本经营制度，走共同富裕之路；

必须深化农业供给侧结构性改革，走质量兴农之路；

必须坚持人与自然和谐共生，走乡村绿色发展之路；

必须传承发展提升农耕文明，走乡村文化兴盛之路；

必须创新乡村治理体系，走乡村善治之路；

必须打好精准脱贫攻坚战，走中国特色减贫之路。

六、乡村振兴战略实施的方案

2018年1月2日，公布了2018年“中央一号文件”，即《中共中央国务院关于实施乡村振兴战略的意见》。

2018年3月29日，留坝县政府同社员网达成合作共识，即将成为“乡村振兴社员网模式——互联网+精准扶贫+农产品上行”在陕西省汉中市重点践行县域之一。留坝县在推进乡村振兴方面拥有高度共识：实现乡村振兴，产业兴旺是基础，目前已达成合作意向。4月初，社员网“互联网+精准扶贫+农产品上行”项目就将正式落地留坝县，为留坝县的农产品特别是即将出产的1000万棒香菇开拓销路。

2018年3月1日，惠州市惠阳区政府、碧桂园集团、华侨城集团在惠州签署战略合作协议，共同推进乡村振兴战略项目在当地的落地实施。碧桂园分别与秋长街道茶园经济联合社、良井镇矮光经济联合社进行了签约，并向茶园村元山、老围、新围、禾场4个村民小组和良井镇矮光村东风、永新两个村民小组，分别发放了合作款，用于惠阳区良井镇、秋长街道两地美丽乡村项目。

2018年3月5日，国务院总理李克强在作政府工作报告时说，大力实施乡村振兴战略。

科学制订规划，健全城乡融合发展体制机制，依靠改革创新壮大乡村发展新动能。

推进农业供给侧结构性改革。促进农林牧渔业和种业创新发展，加快建设现代农业产业园和特色农产品优势区，稳定和优化粮食生产。新增高标准农田8000万亩以上、高效节水灌溉面积2000万亩。培育新型经营主体，加强面向小农户的社会化服务。发展“互联网+农业”，多渠道增加农民收入，促进农村一二三产业融合发展。

全面深化农村改革。落实第二轮土地承包到期后再延长三十年的政策。探索宅基地所有权、资格权、使用权分置改革。改进耕地占补平衡管理办法，建立新增耕地指标、城乡建设用地增减挂钩节余指标跨省域调剂机制，所得收益全部用于脱贫攻坚和支持乡村振兴。深化粮食收储、集体产权、集体林权、国有林区林场、农垦、供销社等改革，使农业农村充满生机活力。

推动农村各项事业全面发展。改善供水、供电、信息等基础设施，新建改建农村公路20万km。稳步开展农村人居环境整治三年行动，推进“厕所革命”。促进农村移风易俗。健全自治、法治、德治相结合的乡村治理体系。我们要坚持走中国特色社会主义乡村振兴道路，加快实现农业农村现代化。

2018年5月31日，中共中央政治局召开会议，审议《国家乡村振兴战略规划（2018—2022年）》。

2018年9月，中共中央、国务院印发了《乡村振兴战略规划（2018—2022年）》（以下简称《规划》），并发出通知，要求各地区各部门结合实际认真贯彻落实。

《规划》共分11篇37章。本规划以习近平总书记关于“三农”工作的重要论述为指导，按照产业兴旺、生态宜居、乡风文明、治理有效、生活富裕的总要求，对实施乡村振兴战略作出阶段性谋划，分别明确至2020年全面建成小康社会和2022年召开党的二十大时的目标任务，细化实化工作重点和政策措施，部署重大工程、重大计划、重大行动，确保乡村振兴战略落实落地，是指导各地区各部门分类有序推进乡村振兴的重要依据。

《规划》提出，到2020年，乡村振兴的制度框架和政策体系基本形成，各地区各部门乡村振兴的思路举措得以确立，全面建成小康社会的目标如期实现。到2022年，乡村振兴的制度框架和政策体系初步健全。探索形成一批各具特色的乡村振兴模式和经验，乡村振兴取得阶段性成果。到2035年，乡村振兴取得决定性进展，农业农村现代化基本实现。到2050年，乡村全面振兴，农业强、农村美、农民富全面实现。

第二章　乡村规划设计的原则及内容

中国共产党第十六届五中全会提出美丽乡村的建设目标，会议指出，它是社会主义初级阶段建设新农村的重大历史任务。美丽乡村强调的是综合的、整体的概念，不仅包括乡村外部的环境美，更包括了农村社会中的内在美。

第一节　乡村规划设计的原则

一、规划原则

1. 以人为本，农民主体。把维护农民切身利益放在首位，充分尊重农民意愿，广泛调动群众参与的积极性，整合社会的力量，尊重农民群众的自身意愿，并引导农民群众大力发展生态经济、自觉保护生态环境、加快建设生态家园。美丽乡村建设，必须以环境生态和文化保护作为重点。注重对传统农耕、人居等丰富文化的生态理念进行挖掘，同时，在开发过程中要注重对这些文化的保护，保护中建设、开发中保护，按照“修旧如旧”的原则来进行建设，形成一村一景、一村一业、一村一特色，彰显美丽乡村，打造高标准的乡村旅游目的地。

2. 城乡一体，统筹发展。建立以工促农、以城带乡的长效机制，统筹推进新型城镇化和美好乡村建设，深化户籍制度改革，加快农民市民化步伐，加快城镇基础设施和公共服务向农村延伸覆盖，着力构建城乡经济社会发展一体化新格局。总结不同村落的特点，在不同的乡镇抓好相示范点的建设，合理确定各个村庄的建设目标、根据实际情况来制订建设方案，分步实施、以点带面，不断提升乡村景观和经济条件。

3. 坚持规划引领，示范带动。强化规划的引领和指导作用，科学编制美好乡村建设规划，切实做到先规划后建设、不规划不建设。按照统一规划、集中投入、分批实施的思路，坚持试点先行、量力而为，逐村整体推进，逐步配套完善，确保建一个成一个，防止一哄而上、盲目推进。

4. 坚持生态优先，彰显特色。社会建设必须要遵循自然的发展规律，在乡村建设中，必须要切实保护农村的生态环境，展示农村的农业生态特点，围绕农村的生态经济、人居以及环境和文化等方面来发展特色的生态农业。乡村建设，必须要充分整合力量，建设乡村同幸福村居工程、发展农村旅游、农民住房改造、生态村庄建设等发展内容相结合，通过不同项目之间的相互带动，整合资源等方式，来合力推动乡村建设质量。大力开展农村植树造林，加强以森林和湿地为主的农村生态屏障的保护和修复，实现人与自然和谐相处。规划建设要适应农民生产生活方式，突出乡村特色，保持田园风貌，体现地域文化风格，注重农村文化传承，不能照搬城市建设模式，防止“千村一面”。

5. 坚持因地制宜，分类指导。针对各地发展基础、人口规模、资源禀赋、民俗文化等方面的差异，切实加强分类指导，注重因地制宜、因村施策，现阶段应以旧村改造和环境整治为主，不搞大拆大建，实行最严格的耕地保护制度，防止中心村建设占用基本农田。

二、规划编制要素

1. 编制规划应以需求和问题为导向，综合评价村庄的发展条件，提出村庄建设与治理、产业发展和村庄管理的总体要求。

2. 统筹村民建房、村庄整治改造，并进行规划设计，包含建筑的平面改造和立面整饰。

3. 确定村民活动、文体教育、医疗卫生、社会福利等公共服务和管理设施的用地布局和建设要求。

4. 确定村域道路、供水、排水、供电、通信等各项基础设施配置和建设要求，包括布局、管线走向、敷设方式等。

5. 确定农业及其他生产经营设施用地。

6. 确定生态环境保护目标、要求和措施，确定垃圾、污水收集处理设施和公厕等环境卫生设施的配置和建设要求。

7. 确定村庄防灾减灾的要求，做好村级避火场所建设规划；对处于山体滑坡、崩塌、地陷、地裂、泥石流、山洪冲沟等地质隐患地段的农村居民点，应经相关程序确定搬迁方案。

8. 确定村庄传统民居、历史建筑物与构筑物、古树名木等人文景观的保护与利用措施。

9. 规划图文表达应简明扼要、平实直观。

三、村庄建设

1. 基本要求

1）村庄建设应按规划执行。

2）新建、改建、扩建住房与建筑整治应符合建筑卫生、安全要求，注重与环境协调；宜选择具有乡村特色和地域风格的建筑图样；倡导建设绿色农房。

3）保持和延续传统格局和历史风貌，维护历史文化遗产的完整性、真实性、延续性和原始性。

4）整治影响景观的棚舍、残破或倒塌的墙体，清除临时搭盖，美化影响村庄空间外观视觉的外墙、屋顶、窗户、栏杆等，规范太阳能热水器、屋顶空调等设施的安装。

5）逐步实施危旧房的改造、整治。

2. 生活设施

1）道路

（1）村主干道建设应进出畅通，路面硬化率达 100%。

（2）村内道路应以现有道路为基础，顺应现有村庄格局，保留原始形态走向，就地取材。

（3）村主干道应按照《道路交通标志和标线》（GB-5768—2009）的要求设置道路交通标志，村口应设村名标识；历史文化名村、传统村落、特色景观旅游景点应设置指示牌。

（4）利用道路周边、空余场地，适当规划公共停车场（泊位）。

2）桥梁

（1）安全美观，与周围环境相协调，体现地域风格，提倡使用本地天然材料，保护古桥。

（2）维护、改造可采用加固基础、新铺桥面、增加护栏等措施，并设置安全设施和警示标志。

3）饮水

（1）应根据村庄分布特点、生活水平和区域水资源等条件，合理确定用水量指标、供水水源和水压要求。

（2）应加强水源地保护，保障农村饮水安全，生活饮用水的水质应符合《生活饮用水卫生标准》GB 5749 的要求。

4）供电

（1）农村电力网建设与改造的规划设计应符合《农村电力网规划设计导则》（DL/T 5118—2010）的要求，电压等级应符合《标准电压》（GB/T 156—2017）的要求，供电应能满足村民基本生产生活需要。

（2）电线杆应排列整齐，安全美观，无私拉乱接电线、电缆现象。

（3）合理配置照明路灯，宜使用节能灯具。

5）通信

广播、电视、电话、网络、邮政等公共通信设施齐全、信号通畅，线路架设规范、安全有序；有条件的村庄可采用管道地下敷设。

3. 农业生产设施

1）结合实际开展土地整治和保护，适合高标准农田建设的重点区域，按《高标准农田建设 通则》（GB/T 30600—2014）的要求进行规范建设。

2）开展农田水利设施治理、防洪、排涝和灌溉保证率等达到《防洪标准》（GB 50201—2014）和《灌溉与排水工程设计标准》（GB 50288—2018）的要求；注重抗旱、防风等防灾基础设施的建设和配备。

3）结合产业发展，配备先进、适用的现代化农业生产设施。

四、生态环境

1. 环境质量

1）大气、声、土壤环境质量应分别达到（GB 3095—2012）、（GB 3096—2008）、（GB 15618—2018）标准中与当地环境功能区相对应的要求。

2）村域内主要河流、湖泊、水库等地表水体水质，沿海村庄的近岸海域海水本质分别达到（GB 3838—2002）、（GB 3097—1997）标准中与当地环境功能相对应的要求。

2. 污染防治

1）农业污染防治

（1）推广植物病虫害统防统治，采用农业、物理、生物、化学等综合防治措施，不得使用明令禁止的高毒高残留农药，按照《农药安全使用标准》《农药合理使用准则》的要求合理用药。

（2）推广测土配方施肥技术、施用有机肥、缓释肥；肥料使用符合《肥料合理使用准则》的要求。

（3）农业固体废物污染控制和资源综合利用可按农业固体废物污染控制技术导则要求进行；农药瓶、废弃塑料薄膜、育秧盘等农业生产废弃物及时处理；农膜回收率≥ 80%；农作物秸秆综合回收率≥ 70%。

（4）畜禽养殖场（小区）污染物排放应符合（GB 18596—2001）标准的要求，畜禽粪便综合利用率≥ 80%；病死畜禽无害化处理率达 100%；水产养殖废水应达标排放。

2）工业污染防治

村域内工业企业生产过程中产生的废水、废气、噪声、固体废物等污染物达标排放，工业污染源达标排放率达 100%。

3）生活污染防治

（1）生活垃圾处理

① 应建立生活垃圾收运处置体系，生活垃圾无害化处理率≥ 80%。

② 应合理配置垃圾收集点、建筑垃圾堆放点、垃圾箱、垃圾清运工具等，并保持干净整洁、不破损、不外溢。

③ 推行生活垃圾分类处理和资源化利用；垃圾应及时清运，防止二次污染。

（2）生活污水处理

① 应以粪污分流、雨污分流为原则，综合人口分布、污水水量、经济发展水平、环境特点、气候条件、地理状况以及现有的排水体制、排水管网等确定生活污水收集模式。

② 应根据村落和农户的分布，可采用集中处理或分散处理或集中与分散处理相结合的方式，建设污水处理系统并定期维护，生活污水处理农户覆盖率≥ 70%。

（3）清洁能源使用

应科学使用并逐步减少木、草、秸秆、竹等传统燃料的直接使用，推广使用电能、太阳能、风能、沼气、天然气等清洁能源，使用清洁能源的农户比率≥ 70%。

（4）生态保护与治理

① 对村庄山体、森林、湿地、水体、植被等自然资源进行生态保育，保持原生态自然环境。

② 开展水土流失综合治理，综合治理技术按 GB/T 16453—2008 标准的要求执行；防止人为破坏造成新的水土流失。

③ 开展荒漠化治理，实施退耕还林、还草。规范采砂、取水、取土、取石行为。

④ 按（GB 50445—2019）标准的要求对村庄内坑塘河道进行整治，保持水质清洁和水流通畅，保护原生植被。岸边宜种植适生植物，绿化配置合理、养护到位。

⑤ 改善土壤环境，提高农田质量，对污染土土壤按污染场地土壤修复技术导则的要求进行修复。

⑥ 实施增殖放流和水产养殖生态环境修复。

⑦ 外来物种引种应符合相关规定，防止外来生物入侵。

3. 村容整治

1）村容维护

（1）村域内不应有露天焚烧垃圾和秸秆的现象，水体清洁，无异味。

（2）道路路面平整，不应有坑洼、积水等现象；道路及路边、河道岸坡、绿化带、花坛、公共活动场地等可视范围内无明显垃圾。

（3）房前屋后整洁，无污水溢流，无散落垃圾；建材、柴火等生产生活用品集中有序存放。

（4）按规划在公共通道两侧划定一定范围的公用空间红线，不得违章占道和占用红线。

（5）宣传栏、广告牌等设置规范、整洁有序；村庄内无乱贴乱画乱刻现象。

（6）划定畜禽养殖区域，人畜分离；农家庭院畜禽圈养，保持圈舍卫生，不影响周边生活环境。

（7）规范殡葬管理，尊重少数民族的丧葬习俗，倡导生态安葬。

2）环境绿化

（1）村庄绿化宜采用本地果树林木花草品种，兼顾生态、经济和景观效果，与当地的地形地貌相协调；林草覆盖率山区≥ 80%，丘陵≥ 50%，平原≥ 20%。

（2）庭院、屋顶和围墙提倡立体绿化和美化，适度发展庭院经济。

（3）古树名木采取设置围护栏或砌石等方法进行保护，并设标志牌。

3）厕所改造

（1）实施农村户用厕所改造，户用卫生厕所普及率≥ 80%，卫生应符合《农村户厕卫生规范》的要求。

（2）合理配置村庄内卫生公厕，不应低于 1 座 /600 户，按 GB 7959 标准的要求进行粪便无害化处理，卫生公厕有专人管理，定期进行卫生消毒，保持干净整洁。

（3）村内无露天粪坑和简易茅厕。

4）病媒生物综合防治

按照《病媒生物应急监测与控制》的要求组织进行鼠、蝇、蚊、蟑螂等病媒生物综合防治。

五、经济发展

1. 基本要求

1）制订产业发展规划，三产结构合理，融合发展，注重培育惠及面广、效益高、有特色的主导产业。

2）创新产业发展模式，培育特色村、专业村，带动经济发展，促进农民增收致富。

3）村级集体经济有稳定的收入来源，能够满足开展村务活动和自身发展的需要。

2. 产业发展

1）农业

（1）发展种养大户、家庭农场、农民专业合作社等新型经营主体。

（2）发展现代农业，积极推广适合当地农业生产的新品种、新技术、新机具及新种养模式，促进农业科技成果转化；鼓励精细化、集约化、标准化生产，培育农业特色品牌。

（3）发展现代林业，提倡种植高效生态的特色经济林果和花卉苗木；推广先进适用的林下经济模式，促进集约化、生态化生产。

（4）发展现代畜牧业，推广畜禽生态化、规模化养殖。

（5）沿海或水资源丰富的村庄，发展现代渔业，推广生态养殖、水产良种和渔业科技，落实休渔制度，促进捕捞业可持续发展。

2）工业

（1）结合产业发展规划，发展农副产品加工、林产品加工、手工制作等产业，提高农产品附加值。

（2）引导工业企业进入工业园区，防止化工、印染、电镀等高污染、高能耗、高排放企业向农村转移。

3）服务业

（1）依托乡村自然资源、人文禀赋、乡土风情及产业特色，发展形式多样、特色鲜明的乡村传统文化、餐饮、旅游休闲产业，配备适当的基础设施。

（2）发展家政、商贸、美容美发、养老托幼等生活性服务业。

（3）鼓励发展农技推广、动植物疫病防控、农资供应、农业信息化、农业机械化、农产品流通、农业金融、保险服务等农业社会化服务业。

六、公共服务

1. 医疗卫生

1）建立健全基本公共卫生服务体系。建有符合国家相关规定、建筑面积≥ $60m^2$ 的村卫生室；人口较少的村可合并设立，社区卫生服务中心或乡镇卫生院所在地的村可不设。

2）建立统一、规范的村民健康档案，提供计划免疫、传染病防治及儿童、孕产妇、老年人保健等基本公共卫生服务。

2. 公共教育

1）村庄幼儿园和中小学建设应符合教育部门布点规划要求。村庄幼儿园、中小学学校建设应分别符合《中小学、幼儿园安全技术防范系统要求》《农村普通中小学校建设标准》的要求，并符合国家卫生标准与安全标准。

2）普及学前教育和九年义务教育。学前一年毛入园率≥ 85%；九年义务教育目标人群覆盖率达 100%，巩固率≥ 93%。

3）通过宣传栏、广播等渠道加强村民普法、科普宣传教育。

3. 文化体育

1）基础设施

（1）建设具有娱乐、广播、阅读、科普等功能的文化活动场所。

（2）建设篮球场、乒乓球台等体育活动设施。

（3）少数民族村能为村民提供本民族语言文字出版的书刊、电子音像制品。

2）文化保护与传承

（1）发掘古村落、古建筑、古文物等旧乡村文化进行修正和保护。

（2）搜集民间民族表演艺术、传统戏剧和曲艺、传统手工技艺传统医药、民族服饰、民俗活动、农业文化、口头语言等乡村非物质文化，进行传承和保护。

（3）历史文化遗存村庄应挖掘并宣传古民俗风情、历史沿革、典故传说、名人文化、祖训家规等乡村特色文化。

（4）建立乡村传统文化管护制度，编制历史文化遗存资源清单，落实管护责任单位和责任人，形成传统文化保护与传承体系。

4. 社会保障

1）村民普遍享有城乡居民基本养老保险，基本实现全覆盖，鼓励建设农村养老机构、老人日托中心、居家养老照料中心等，实现农村基本养老服务。

2）家庭经济困难且生活难以自理的失能半失能 65 岁及以上村民基本养老服务补贴覆盖率≥ 50%。农村五保供养目标人群覆盖率达 100%，集中供养能力≥ 50%。

3）村民享有城乡居民基本医疗保险参保率≥ 90%。

4）被征地村民按相关规定享有相应的社会保障。

5. 劳动就业

1）加强村民的素质教育和技能培训，培养新型职业农民。

2）协助开展劳动关系协调、劳动人事争议调解、维权等权益保护活动。

3）收集并发布就业信息，提供就业政策咨询、职业指导和就业介绍等服务；为就业困难人员、零就业家庭和残疾人提供就业援助。

6. 公共安全

1）根据不同自然灾害类型建立相应防灾设施和避灾场所，并按有关要求管理。

2）应制订和完善自然灾害救助应急预案，组织应急演练。

3）农村消防安全应符合《农村防火规范》的要求。

4）农村用电安全应符合《农村安全用电规程》的要求。

5）健全治安管理制度，配齐村级综治管理人员，应急响应迅速有效，有条件的可在人口集中居住区和重要地段安装社会治安动态视频监控系统。

7. 便民服务

1）建有具备综合服务功能的村便民服务机构，提供代办、计划生育、信访接待等服务，每一事项应编制服务指南，推行标准化服务。

2）村庄有客运站点，村民出行方便。

3）按照生产生活需求，建设商贸服务网点，鼓励有条件的地区推行电子商务。

七、乡风文明

1. 组织开展爱国主义、精神文明、社会主义核心价值观、道德、法治、形势政策等宣传教育。

2. 制定并实施村规民约，倡导崇善向上、勤劳致富、邻里和睦、尊老爱幼、诚信友善等文明乡风。

3. 开展移风易俗活动，引导村民摒弃陋习，培养健康、文明、生态的生活方式和行为习惯。

八、基层组织

1. 组织建设

应依法设立村级基层组织，包括村党组织、村民委员会、村务监督机构、村集体经济组织、村民兵连及其他民间组织。

2. 工作要求

1）遵循民主决策、民主管理、民主选举、民主监督。

2）制定村民自治章程、村民议事规则、村务公开、重大事项决策、财务管理等制度，并有效实施。

3）具备协调解决纠纷和应急的能力。

4）建立并规范各项工作的档案记录。

九、长效管理

1. 公众参与

1）通过健全村民自治机制等方式，保障村民参与建设和日常监督管理，充分发挥村民主体作用。

2）村民可通过村务公开栏、网络、广播、电视、手机信息等形式，了解美丽乡村建设动态、农事、村务、旅游、商务、防控、民生等信息，参与并监督美丽乡村建设。

3）鼓励开展第三方村民满意度调查，及时公开调查结果。

2. 保障与监督

1）建立健全村庄建设、运行管理、服务等制度，落实资金保障措施，明确责任主体、实施主体，鼓励有条件的村庄采用市场化运作模式。

2）建立并实施公共卫生保洁、园林绿化养护、基础设施维护等管护机制，配备与村级人口相适应的管护人员，比率不低于常住人口的2%。

3）综合运用检查、考核、奖惩等方式，对美丽乡村的建设与运行实施动态监督和管理。

第二节　居住区规划设计标准

一、基本规定

1. 居住区规划设计应坚持以人为本的基本原则，遵循适用、经济、绿色、美观的建筑方针，并应符合下列规定：

1）应符合城市总体规划及控制性详细规划；

2）应符合所在地气候特点与环境条件、经济社会发展水平和文化习俗；

3）应遵循统一规划、合理布局，节约土地、因地制宜，配套建设、综合开发的原则；

4）应为老年人、儿童、残疾人的生活和社会活动提供便利的条件和场所；

5）应延续城市的历史文脉、保护历史文化遗产并与传统风貌相协调；

6）应采用低影响开发的建设方式，并应采取有效措施促进雨水的自然积存、自然渗透与自然净化；

7）应符合城市设计对公共空间、建筑群体、园林景观、市政等环境设施的有关控制要求。

2. 居住区应选择在安全、适宜居住的地段进行建设，并应符合下列规定：

1）不得在有滑坡、泥石流、山洪等自然灾害威胁的地段进行建设；

2）与危险化学品及易燃易爆品等危险源的距离，必须满足有关安全规定；

3）存在噪声污染、光污染的地段，应采取相应的降低噪声和光污染的防护措施；

4）土壤存在污染的地段，必须采取有效措施进行无害化处理，并应达到居住用地土壤环境质量的要求。

3. 居住区规划设计应统筹考虑居民的应急避难场所和疏散通道，并应符合国家有关应急防灾的安全管控要求。

4. 居住区按照居民在合理的步行距离内满足基本生活需求的原则，可分为15min生活圈居住区、10min生活圈居住区、5min生活圈居住区及居住街坊四级，其分级控制规模应符合表2-1的规定。

表 2-1 居住区分级控制规模

距离与规模	15min 生活圈居住区	10min 生活圈居住区	5min 生活圈居住区	居住街坊
步行距离（m）	800 ～ 1000	500	300	—
居住人口（人）	50000 ～ 100000	15000 ～ 25000	5000 ～ 12000	1000 ～ 3000
住宅数值（套）	17000 ～ 32000	5000 ～ 8000	1500 ～ 4000	300 ～ 1000

5. 居住区应根据其分级控制规模，对应规划建设配套设施和公共绿地，并应符合下列规定：

1）新建居住区，应满足统筹规划、同步建设、同期投入使用的要求；

2）旧区可遵循规划匹配、建设补缺、综合达标、逐步完善的原则进行改造。

6. 涉及历史城区、历史文化街区、文物保护单位及历史建筑的居住区规划建设项目，必须遵守国家有关规划的保护与建设控制规定。

7. 居住区应有效组织雨水的收集与排放，并应满足地表径流控制、内涝灾害防治、面源污染治理及雨水资源化利用的要求。

8. 居住区地下空间的开发利用应适度，应合理控制用地的不透水面积并留足雨水自然渗透、净化所需的土壤生态空间。

9. 居住区的工程管线规划设计应符合国家标准《城市工程管线综合规划规范》（GB 50289—2016）的有关规定；居住区的竖向规划设计应符合行业标准《城乡建设用地竖向规划规范》（CJJ 83—2016）的有关规定。

10. 居住区所属的建筑气候区划应符合国家标准《建筑气候区划标准》（GB 50178—1993）的规定。

二、用地与建筑

1. 各级生活圈居住区用地应合理配置、适度开发，其控制指标应符合下列规定：

1）15min 生活圈居住区用地控制指标应符合表 2-2 的规定；

2）10min 生活圈居住区用地控制指标应符合表 2-3 的规定；

3）5min 生活圈居住区用地控制指标应符合表 2-4 的规定。

表 2-2 15min 生活圈居住区用地控制指标

建筑气候区划	住宅建筑平均层数类别	人均居住区用地面积（m^2/人）	居住区用地容积率	居住区用地构成（%）				
				住宅用地	配套设施用地	公共绿地	城市道路用地	合计
Ⅰ、Ⅶ	多层Ⅰ类（4～6层）	40 ～ 54	0.8 ～ 1.0	58 ～ 61	12 ～ 16	7 ～ 11	15 ～ 20	100
Ⅱ、Ⅵ		38 ～ 51	0.8 ～ 1.0					
Ⅲ、Ⅳ、Ⅴ		37 ～ 48	0.9 ～ 1.1					

续表

建筑气候区划	住宅建筑平均层数类别	人均居住区用地面积（m²/人）	居住区用地容积率	居住区用地构成（%）				
				住宅用地	配套设施用地	公共绿地	城市道路用地	合计
Ⅰ、Ⅶ	多层Ⅱ类（7～9层）	35～42	1.0～1.1	52～58	13～20	9～13	15～20	100
Ⅱ、Ⅵ		33～41	1.0～1.2					
Ⅲ、Ⅳ、Ⅴ		31～39	1.1～1.3					
Ⅰ、Ⅶ	高层Ⅰ类（10～18层）	28～38	1.1～1.4	48～52	16～23	11～16	15～20	100
Ⅱ、Ⅵ		27～36	1.2～1.4					
Ⅲ、Ⅳ、Ⅴ		26～34	1.2～1.5					

注：居住区用地容积率是生活圈内，住宅建筑及其配套设施地上建筑面积之和与居住区用地总面积的比值。

表 2-3　10min 生活圈居住区用地控制指标

建筑气候区划	住宅建筑平均层数类别	人均居住区用地面积（m²/人）	居住区用地容积率	居住区用地构成（%）				
				住宅用地	配套设施用地	公共绿地	城市道路用地	合计
Ⅰ、Ⅶ	低层（1～3层）	49～51	0.8～0.9	71～73	5～8	4～5	15～20	100
Ⅱ、Ⅵ		45～51	0.8～0.9					
Ⅲ、Ⅳ、Ⅴ		42～51	0.8～0.9					
Ⅰ、Ⅶ	多层Ⅰ类（4～6层）	35～47	0.8～1.1	68～70	8～9	4～6	15～20	100
Ⅱ、Ⅵ		33～44	0.9～1.1					
Ⅲ、Ⅳ、Ⅴ		32～41	0.9～1.2					
Ⅰ、Ⅶ	多层Ⅱ类（7～9层）	30～35	1.1～1.2	64～67	9～12	6～8	15～20	100
Ⅱ、Ⅵ		28～33	1.2～1.3					
Ⅲ、Ⅳ、Ⅴ		26～32	1.2～1.4					
Ⅰ、Ⅶ	高层Ⅰ类（10～18层）	23～31	1.2～1.6	60～64	12～14	7～10	15～20	100
Ⅱ、Ⅵ		22～28	1.3～1.7					
Ⅲ、Ⅳ、Ⅴ		21～27	1.4～1.8					

注：居住区用地容积率是生活圈内，住宅建筑及其配套设施地上建筑面积之和与居住区用地总面积的比值。

表 2-4　5min 生活圈居住区用地控制指标

建筑气候区划	住宅建筑平均层数类别	人均居住区用地面积（m²/人）	居住区用地容积率	居住区用地构成（%）				
				住宅用地	配套设施用地	公共绿地	城市道路用地	合计
Ⅰ、Ⅶ	低层（1～3层）	46～47	0.7～0.8	76～77	3～4	2～3	15～20	100
Ⅱ、Ⅵ		43～47	0.8～0.9					
Ⅲ、Ⅳ、Ⅴ		39～47	0.8～0.9					

续表

建筑气候区划	住宅建筑平均层数类别	人均居住区用地面积（m²/人）	居住区用地容积率	居住区用地构成（%）				
				住宅用地	配套设施用地	公共绿地	城市道路用地	合计
Ⅰ、Ⅶ	多层Ⅰ类（4～6层）	32～43	0.8-1.1	74～76	4～5	2～3	15～20	100
Ⅱ、Ⅵ		31～40	0.9～1.2					
Ⅲ、Ⅳ、Ⅴ		29～37	1.0～1.2					
Ⅰ、Ⅶ	多层Ⅱ类（7～9层）	28～31	1.2～1.3	72～74	5～6	3～4	15～20	100
Ⅱ、Ⅵ		25～29	1.2～1.4					
Ⅲ、Ⅳ、Ⅴ		23～28	1.3～1.6					
Ⅰ、Ⅶ	高层Ⅰ类（10～18层）	20～27	1.4～1.8	69～72	6～8	4～5	15～20	100
Ⅱ、Ⅵ		19～25	1.5～1.9					
Ⅲ、Ⅳ、Ⅴ		18～23	1.6～2.0					

注：居住区用地容积率是生活圈内，住宅建筑及其配套设施地上建筑面积之和与居住区用地总面积的比值。

2. 居住街坊用地与建筑控制指标应符合表 2-5 的规定。

表 2-5 居住街坊用地与建筑控制指标

建筑气候区划	住宅建筑平均层数类别	住宅用地容积率	建筑密度最大值（%）	绿地率最小值（%）	住宅建筑高度控制最大值（m）	人均住宅用地面积最大值（m²/人）
Ⅰ、Ⅶ	低层（1～3层）	1.0	35	30	18	36
	多层Ⅰ类（4～6层）	1.1～1.4	28	30	27	32
	多层Ⅱ类（7～9层）	1.5～1.7	25	30	36	22
	高层Ⅰ类（10～18层）	1.8～2.4	20	35	54	19
	高层Ⅱ类（19～26层）	2.5～2.8	20	35	80	13
Ⅱ、Ⅵ	低层（1～3层）	1.0～1.1	40	28	18	36
	多层Ⅰ类（4～6层）	1.2～1.5	30	30	27	30
	多层Ⅱ类（7～9层）	1.6～1.9	28	30	36	21
	高层Ⅰ类（10～18层）	2.0～2.6	20	35	54	17
	高层Ⅱ类（19～26层）	2.7～2.9	20	35	80	13
Ⅲ、Ⅳ、Ⅴ	低层（1～3层）	1.0～1.2	43	25	18	36
	多层Ⅰ类（4～6层）	1.3～1.6	32	30	27	27
	多层Ⅱ类（7～9层）	1.7～2.1	30	30	36	20
	高层Ⅰ类（10～18层）	2.2～2.8	22	35	54	16
	高层Ⅱ类（19～26层）	2.9～3.1	22	35	80	12

注：1）住宅用地容积率是居住街坊内，住宅建筑及其便民服务设施地上建筑面积之和与住宅用地总面积的比值；

2）建筑密度是居住街坊内，住宅建筑及其便民服务设施建筑基底面积与该居住街坊用地面积的比率（%）；

3）绿地率是居住街坊内绿地面积之和与该居住街坊用地面积的比率（%）。

3. 当住宅建筑采用低层或多层高密度布局形式时，居住街坊用地与建筑控制指标应符合表 2-6 的规定。

表 2-6　低层或多层高密度居住街坊用地与建筑控制指标

建筑气候区划	住宅建筑层数类别	住宅用地容积率	建筑密度最大值（%）	绿地率最小值（%）	住宅建筑高度控制最大值（m）	人均住宅用地面积（m²/人）
Ⅰ、Ⅶ	低层（1～3 层）	1.0～1.1	42	25	11	32～36
	多层Ⅰ类（4～6 层）	1.4～1.5	32	28	20	24～26
Ⅱ、Ⅵ	低层（1～3 层）	1.1～1.2	47	23	11	30～32
	多层Ⅰ类（4～6 层）	1.5～1.7	38	28	20	21～24
Ⅲ、Ⅳ、Ⅴ	低层（1～3 层）	1.2～1.3	50	20	11	27～30
	多层Ⅰ类（4～6 层）	1.6～1.8	42	25	20	20～22

注：1）住宅用地容积率是居住街坊内，住宅建筑及其便民服务设施地上建筑面积之和与住宅用地总面积的比值；

2）建筑密度是居住街坊内，住宅建筑及其便民服务设施建筑基底面积与该居住街坊用地面积的比率（%）；

3）绿地率是居住街坊内绿地面积之和与该居住街坊用地面积的比率（%）。

4. 新建各级生活圈居住区应配套规划建设公共绿地，并应集中设置具有一定规模，且能开展休闲、体育活动的居住区公园；公共绿地控制指标应符合表 2-7 的规定。

表 2-7　公共绿地控制指标

类别	人均公共绿地面积（hm²/人）	居住区公园		备注
		最小规模（hm²）	最小宽度（m）	
15min 生活圈居住区	2.0	5.0	80	不含 10min 生活圈及以下级居住区的公共绿地指标
10min 生活圈居住区	1.0	1.0	50	不含 5min 生活圈及以下级居住区的公共绿地指标
5min 生活圈居住区	1.0	0.4	30	不含居住街坊的绿地指标

注：居住区公园中应设置 10%～15% 的体育活动场地。

5. 当旧区改建确实无法满足表 2-7 的规定时，可采取多点分布以及立体绿化等方式改善居住环境，但人均公共绿地面积不应低于相应控制指标的 70%。

6. 居住街坊内的绿地应结合住宅建筑布局设置集中绿地和宅旁绿。

7. 居住街坊内集中绿地的规划建设，应符合下列规定：

1）新区建设不应低于 0.50m²/ 人，旧区改建不应低于 0.35m²/ 人；

2）宽度不应小于 8m；

3）在标准的建筑日照阴影线范围之外的绿地面积不应少于 1/3，其中应设置老年人、儿童活动场地。

8. 住宅建筑与相邻建、构筑物的间距应在综合考虑日照、采光、通风、管线埋设、视觉卫生、防灾等要求的基础上统筹确定，并应符合国家标准《建筑设计防火规范》（GB 50016—2014）（2018 年版）的有关规定。

9. 住宅建筑的间距应符合表 2-8 的规定。对特定情况，还应符合下列规定：

1）老年人居住建筑日照标准不应低于冬至日日照时数 2h；

2）在原设计建筑外增加任何设施不应使相邻住宅原有日照标准降低，既有住宅建筑进行无障碍改造加装电梯除外；

3）旧区改建项目内新建住宅建筑日照标准不应低于大寒日日照时数 1h。

表 2-8　住宅建筑日照标准

建筑气候区划	Ⅰ、Ⅱ、Ⅲ、Ⅵ气候区		Ⅳ气候区		Ⅴ、Ⅵ气候区
城区常住人口（万人）	≥ 50	＜ 50	≥ 50	＜ 50	无限定
日照标准日	大寒日			冬至日	
日照时数（h）	≥ 2	≥ 3		≥ 1	
有效日照时间带（当地真太阳时）	8 时至 16 时			9 时至 15 时	
计算起点	底层窗台面				

注：底层窗台面是指距室内地坪 0.9m 高的外墙位置。

三、配套设施

1. 配套设施应遵循配套建设、方便使用、统筹开放、兼顾发展的原则进行配置，其布局应遵循集中和分散兼顾、独立和混合使用并重的原则，并应符合下列规定：

1）15min 和 10min 生活圈居住区配套设施，应依照其服务半径相对居中布局。

2）15min 生活圈居住区配套设施中，文化活动中心、社区服务中心（街道级）、街道办事处等服务设施宜联合建设并形成街道综合服务中心，其用地面积不宜小于 $1hm^2$。

3）5min 生活圈居住区配套设施中，社区服务站、文化活动站（含青少年、老年活动站）、老年人日间照料中心（托老所）、社区卫生服务站、社区商业网点等服务设施，宜集中布局、联合建设，并形成社区综合服务中心，其用地面积不宜小于 $0.3hm^2$。

4）旧区改建项目应根据所在居住区各级配套设施的承载能力合理确定居住人口规模与住宅建筑容量；当不匹配时，应增补相应的配套设施或对应控制住宅建筑增量。

2. 配套设施用地及建筑面积控制指标，应按照居住区分级对应的居住人口规模进行控制，并应符合表 2-9 的规定。

表 2-9　配套设施控制指标（m^2/ 千人）

类别		15min 生活圈居住区		10min 生活圈居住区		5min 生活圈居住区		居住街坊	
		用地面积	建筑面积	用地面积	建筑面积	用地面积	建筑面积	用地面积	建筑面积
总指标		1600～2910	1450～1830	1980～2660	1050～1270	1710～2210	1070～1820	50～150	80～90
其中	公共管理与公共服务设施 A 类	1250～2360	1130～1380	1890～2340	730～810	—	—	—	—
	交通场站设施 S 类	—	—	70～80	—	—	—	—	—
	商业服务业设施 B 类	350～550	320～450	20～240	320～460	—	—	—	—
	社区服务设施 R12、R22、R32	—	—	—	—	1710～2210	1070～1820	—	—
	便民服务设施 R11、R21、R31	—	—	—	—	—	—	50～150	80～90

注：1）15min 生活圈居住区指标不含 10min 生活圈居住区指标，10min 生活圈居住区指标不含 5min 生活圈居住区指标，5min 生活圈居住区指标不含居住街坊指标。

2）配套设施用地应含与居住区分级对应的居民室外活动场所用地；未含高中用地、市政公用设施用地，市政公用设施应根据专业规划确定。

3. 居住区相对集中设置且人流较多的配套设施应配建停车场（库），并应符合下列规定：

1）停车场（库）的停车位控制指标，不宜低于表 2-10 的规定；

2）商场、街道综合服务中心机动车停车场（库）宜采用地下停车、停车楼或机械式停车设施；

3）配建的机动车停车场（库）应具备公共充电设施安装条件。

表 2-10 配建停车场（库）的停车位控制指标（车位 /$100m^2$ 建筑面积）

名称	非机动车	机动车
商场	≥ 7.5	≥ 0.45
菜市场	≥ 7.5	≥ 0.30
街道综合服务中心	≥ 7.5	≥ 0.45
社区卫生服务中心（社区医院）	≥ 1.5	≥ 0.45

4. 居住区应配套设置居民机动车和非机动车停车场（库），并应符合下列规定：

1）机动车停车应根据当地机动化发展水平、居住区所处区位、用地及公共交通条件综合确定，并应符合所在地城市规划的有关规定；

2）地上停车位应优先考虑设置多层停车库或机械式停车设施，地面停车位数量不宜超过住宅总套数的 10%；

3）机动车停车场（库）应设置无障碍机动车位，并应为老年人、残疾人专用车等新型交通工具和辅助工具留有必要的发展余地；

4）非机动车停车场（库）应设置在方便居民使用的位置；

5）居住街坊应配置临时停车位；

6）新建居住区配建机动车停车位应具备充电基础设施安装条件。

四、道路

1. 居住区内道路的规划设计应遵循安全便捷、尺度适宜、公交优先、步行友好的基本原则，并应符合国家标准《城市综合交通体系规划标准》（GB/T 51328—2018）的有关规定。

2. 居住区的路网系统应与城市道路交通系统有机衔接，并应符合下列规定：

1）居住区应采取“小街区、密路网”的交通组织方式，路网密度不应小于 $8km/km^2$；城市道路间距不应超过 300m，宜为 150 ～ 250m，并应与居住街坊的布局相结合；

2）居住区内的步行系统应连续、安全，符合无障碍要求，并应便捷连接公共交通站点；

3）在适宜自行车骑行的地区，应构建连续的非机动车道；

4）旧区改建，应保留和利用有历史文化价值的街道、延续原有的城市肌理。

3. 居住区内各级城市道路应突出居住使用功能特征与要求，并应符合下列规定：

1）两侧集中布局了配套设施的道路，应形成尺度宜人的生活性街道；道路两侧建筑退线距离，应与街道尺度相协调；

2）支路的红线宽度，宜为 14 ～ 20m；

3）道路断面形式应满足适宜步行及自行车骑行的要求，人行道宽度不应小于 2.5m；

4）支路应采取交通稳静化措施，适当控制机动车行驶速度。

4. 居住街坊内附属道路的规划设计应满足消防、救护、搬家等车辆的通达要求，并应符合下列规定：

1）主要附属道路至少应有两个车行出入口连接城市道路，其路面宽度不应小于 4.0m；其他附属道路的路面宽度不宜小于 2.5m；

2）人行出入口间距不宜超过 200m；

3）最小纵坡不应小于 0.3%，最大纵坡应符合表 2-11 的规定；机动车与非机动车混行的道路，其纵坡宜按照或分段按照非机动车道要求进行设计。

表 2-11　附属道路最大纵坡控制指标（%）

道路类别及其控制内容	一般地区	积雪或冰冻地区
机动车道	8.0	6.0
非机动车道	3.0	2.0
步行道	8.0	4.0

5. 居住区道路边缘至建筑物、构筑物的最小距离，应符合表 2-12 的规定。

表 2-12　居住区道路边缘至建筑物、构筑物最小距离（m）

与建、构筑物关系		城市道路	附属道路
建筑物面向道路	无出入口	3.0	2.0
	有出入口	5.0	2.5
建筑物山墙面向道路		2.0	1.5
围墙面向道路		1.5	1.5

注：道路边缘对于城市道路是指道路红线；附属道路分两种情况：道路断面设有人行道时，指人行道的外边线；道路断面未设人行道时，指路面边线。

五、居住环境

1. 居住区规划设计应尊重气候及地形地貌等自然条件，并应塑造舒适宜人的居住环境。

2. 居住区规划设计应统筹庭院、街道、公园及小广场等公共空间形成连续、完整的公共空间系统，并应符合下列规定：

1）宜通过建筑布局形成适度围合、尺度适宜的庭院空间；

2）应结合配套设施的布局塑造连续、宜人、有活力的街道空间；

3）应构建动静分区合理、边界清晰连续的小游园、小广场；

4）宜设置景观小品美化生活环境。

3. 居住区建筑的肌理、界面、高度、体量、风格、材质、色彩应与城市整体风貌、居住区周边环境及住宅建筑的使用功能相协调，并应体现地域特征、民族特色和时代风貌。

4. 居住区内绿地的建设及其绿化应遵循适用、美观、经济、安全的原则，并应符合下列规定：

1）宜保留并利用已有的树木和水体；

2）应种植适宜当地气候和土壤条件、对居民无害的植物；

3）应采用乔、灌、草相结合的复层绿化方式；

4）应充分考虑场地及住宅建筑冬季日照和夏季遮阴的需求；

5）适宜绿化的用地均应进行绿化，并可采用立体绿化的方式丰富景观层次、增加环境绿量；

6）有活动设施的绿地应符合无障碍设计要求并与居住区的无障碍系统相衔接；

7）绿地应结合场地雨水排放进行设计，并宜采用雨水花园、下凹式绿地、景观水体、干塘、树池、植草沟等具备调蓄雨水功能的绿化方式。

5. 居住区公共绿地活动场地、居住街坊附属道路及附属绿地的活动场地的铺装，在符合有关功能性要求的前提下应满足透水性要求。

6. 居住街坊内附属道路、老年人及儿童活动场地、住宅建筑出入口等公共区域应设置夜间照明；照明设计不应对居民产生光污染。

7. 居住区规划设计应结合当地主导风向、周边环境、温度湿度等微气候条件，采取有效措施降低不利因素对居民生活的干扰，并应符合下列规定：

1）应统筹建筑空间组合、绿地设置及绿化设计，优化居住区的风环境；

2）应充分利用建筑布局、交通组织、坡地绿化或隔声设施等方法，降低周边环境噪声对居民的影响；

3）应合理布局餐饮店、生活垃圾收集点、公共厕所等容易产生异味的设施，避免气味、油烟等对居民产生影响。

8. 既有居住区对生活环境进行的改造与更新，应包括无障碍设施建设、绿色节能改造、配套设施完善、市政管网更新、机动车停车优化、居住环境品质提升等。

第三节　乡村规划设计的基本内容

一、抓好规划编制

按照全域理念着眼长远发展，修编完善全县乡（镇）村庄布点规划，科学确定中心村、需要保留的自然村每个行政村原则上规划建设 1 个中心村。

围绕“三区一园”“四类村”和农村产业发展，进一步完善农村产业规划。按照尊重自然美、注重个性美、构建整体美要求，不搞大拆大建、不求千篇一律、不搞一个模式、不用城市标准和方式建设农村，做到依山就势、聚散相宜、错落有致，编制美丽乡村建设规划。在规划和实施过程中，应充分考虑人口变化和产业发展等因素，保留建设和发展空间，引导农民集中在中心村。新建房屋面积不得超过政策规定的标准，严禁在村庄规划区外新建房屋。

二、改善农村环境

在美丽乡村总体规划中，危旧房、猪舍、厕所、院墙必须无偿拆除。对村庄内河流、沟渠、池塘进行清污，对水塘进行扩挖，房前屋后垃圾进行清理。对村庄内现有树木进行保护，利用不宜建设的废弃场地和路旁、沟渠边、宅院及宅间空地，采取小菜园、小果园、小竹园、小茶园等形式进行绿化。对村庄电力、通信等杆线进行整理，确保杆线整齐规范。结合环境保护、清洁工程、小农用水、沼气等相关工程，综合改造农民水族馆，将上水条件转变为冲厕。由村民理事会牵头，确定卫生保洁人员或采取轮户保洁办法，配备垃圾清扫收集工具，建立卫生保洁、“门前三包”等制度，督促村民主动做好房前屋后卫生保洁，自觉清除村庄内垃圾杂物，做到垃圾日产日清，公共活动场地、道路、河道无垃圾，无杂物。

三、统一房屋风貌

按照当地建筑风格对已建房屋进行统一改貌，墙以白色为主、瓦以灰（红）色为主、屋顶以坡面为主，美丽乡村示范点房屋风貌需统一。整治过程中，可保留连续红色瓷砖。新建房屋要严格按照住建部门提供的建房图纸，统一建筑风貌。

四、完善基础设施

根据乡村联动示范乡建设规划，乡村联动工程重点建设“一线一面一街”即入口至镇区一线景观、绿化亮化、排水排污设施建设，镇区老街街道排污排水管网及房屋立面改造提升建设以及沿河线一线景观、绿化亮化建设等。

五、配套服务功能

按照中心村建设标准美丽乡村示范点配置“11+4”基本公共服务和基础设施项公共服务，包括中小学、幼儿园、卫生所、文化站（或文体活动室）、图书室（或农家书屋）、乡村金融服务网点（或便民自动取款机）、邮政所（或邮政便民点）、农村综合服务社（含农资店、便民超市）、农贸市场（或集贸点）、公共服务中心基础设施即公交站、垃圾中转站、污水处理设施、公厕。基本公共服务设施应尽可能靠近村庄的几何中心，以方便居民使用。

六、做强产业支撑

全面开展农村土地综合整治，建设高标准农田，引导农村土地承包经营权向专业大户、家庭农场和农民专业合作社流转，大力发展农业特色产业，做强农业特色产业村。充分利用丰富的乡村旅游资源，串联美丽乡村旅游线路，发展星级农家乐，加强旅游休闲产业村建设。依托村级现有的传统工业基础，积极发展木材、竹制品、农产品加工等产业，加强特色产业村建设。挖掘乡村文化元素，对村庄内的古民居、祠堂、牌坊等历史遗存予以保护性修复，做强文化特色村。

乡、村庄规划是相对于城市规划而言，集聚于乡村地区和乡村聚落，是对未来一定时间和乡村范围内空间资源配置的总体部署和具体安排，也是各级政府统筹安排乡村空间布局，保护生态和自然环境，合理利用自然资源，维护农民利益的重要依据。乡村规划的科学编制与实施对于乡村地区的有序建设和可持续发展具有引导和调控作用。

村庄规划是在乡镇居民点规划所确定的村庄建设原则的基础上，为实现经济和社会发展目标而制订的一定时期内的发展计划。村庄规划的根本任务是确定村庄的性质和发展方向，预测人口和用地规模、结构，对村庄进行用地布局，合理配置各项基础设施和主要公共建筑，安排主要的建设项目和时间顺序，并具体落实近期建设项目，其规划的目的是满足村庄居民生产、生活的各项需求，创造与当地社会经济发展水平相适应的人居环境。村庄规划具有很高的科学性和严肃性，是村庄建设和管理的重要依据，村庄规划作用的发挥主要是通过对土地使用的分配和安排来实现的，具体包括以下几个方面：应注重保障村民的公共利益，形成村庄建设的公共政策，描述村庄的未来形象，并且应坚持因地制宜、突出特色；节约用地、保护耕地；统一规划、分布实施；高起点规划、高标准建设；保护生态环境、改善卫生条件。村庄规划是依据农村的社会经济发展目标和环境保护的要求，根据县域规划和乡镇规划等上位规划的要求，在充分调查和研究村庄的自然环境、历史变迁的过程和经济发展条件等方面的基础上，确定合理的规模，选择建设用地和住宅建设方式，综合安排各项公共服务设施和工程设施，主要包括各类建设用地规模确定，合理进行用地布局、具体安排供水、排水、供热、供电、电信、燃气等设施等内容。

我国的村庄规划始于改革开放之初，并伴随改革的深入和农村社会经济的繁荣而逐步发展和完善，随着城镇化快速推进和市场经济不断发展，传统乡村社会面临解体，乡村建设日益活跃，空间形态变化剧烈，“村村点火，户户冒烟”就是一个时期乡村的生动写照，在新形势下，国家制定了一系列方针政策，如社会主义新农村建设、城乡统筹、城乡一体化发展以及农村土地制度改革等措施，使得乡村建设和发展获得了更多的支撑和路径的转变。目前，我国的城市化进程不断加速，今后 10 ～ 20 年中将有数以亿计的农民迁入城市，几千年来稳定不变的农村必将出现重大变革。农村人口的锐减，必然带来农村生活、生产方式和居住环境的根本性的重构，在这个过程中，村庄规划建设将成为其他各项事业发展的基础。村庄规划是农村建设的龙头，规划工作的展开对于改善农村面貌、提高农民生活水平具有积极的促进作用。村庄规划是指导村庄建设的科学手段。搞好村庄规划，对于推进全面建设小康社会具有重要意义，也是解决“三农”问题的重要方面。村庄规划应以科学的发展观为指导，统筹城乡经济社会发展，充分发挥城市对农村的带动作用和农村对城市的促进作用，带动农村产业结构调整和社会关系变化，转变落后的思想观念，树立现代化意识，通过农村的繁荣，进一步促进城市的发展，最终实现城乡协调发展。

第三章　乡村总体规划设计

第一节　乡村总体规划设计原则

一、规划设计依据

1. 法律法规

1）《中华人民共和国城乡规划法》（2019 修正）；

2）《村镇规划编制办法（试行）》；

3）《镇规划标准》（GB 50188—2007）；

4）《村庄整治技术标准》（GB 50445—2019）；

5）《村镇规划卫生规范》（GB 18055—2012）；

6）《住宅设计规范》（GB 50096—2011）；

7）《美丽乡村建设指南》（GB 32000—2015）；

8）《农村防火规范》（GB 50039—2010）；

9）《城市用地分类与规划建设用地标准》（GB 50137—2011）；

10）《浙江省城乡规划条例》；

11）《杭州市城乡规划条例》；

12）《浙江省村庄规划编制导则》；

13）《浙江省村庄设计导则》；

14）《浙江省村庄整治规划编制内容和深度的指导意见》（2012）；

15）国家现行的相关法律、法规、标准和规范（含地方规程和规定）。

2. 文献资料

1）《美丽乡村规划与施工新技术》；

2）《杭州市城市总体规划（2001—2020 年）》（2016 年修订）；

3）余杭区发展战略规划（2015—2030 年）；

4）国家现行的相关法律、法规、标准和规范（含地方规程和规定）。

二、规划设计原则

十八大提出“必须树立尊重自然、顺应自然、保护自然的生态文明理念，把生态文明建设放在突出地位，融入经济建设、政治建设、文化建设、社会建设各方面和全过程”。《中华人民共和国城乡规划法》（2019 修正）第十七条规定，“城市总体规划、镇总体规划的内容应当包括：城市、镇的发展布局，功能分区，用地布局，综合交通体系，禁止、限制和适宜建设的地域范围，各类专项规划等。”随着我国城镇化进入高速发展时期，资源、生态环境问题日益突出，划定“三区”（禁止建设区、限制建设区、适宜建设区）和“四线”（蓝线、绿线、黄线、紫线），根据地方特点提出有针对性的规划建设管理要求，是落实十八大精神和《城乡规划法》规定，实现城乡规划空间开发管制的重要手段。

要建设好美丽乡村，就必须有科学的乡村规划。而做好乡村规划设计就应遵守“三区四线”，“三区”包括：

1）禁建区

基本农田、行洪河道、水源地一级保护区、风景名胜区核心区、自然保护区核心区和缓冲区、森林湿地公园生态保育区和恢复重建区、地质公园核心区、道路红线、区域性市政走廊用地范围内、城市绿地、地质灾害易发区、矿产采空区、文物保护单位保护范围等，禁止城市建设开发活动。

2）限建区

水源地二级保护区、地下水防护区、风景名胜区非核心区、自然保护区非核心区和缓冲区、森林公园非生态保育区、湿地公园非保育区和恢复重建区、地质公园非核心区、海陆交界生态敏感区和灾害易发区、文物保护单位建设控制地带、文物地下埋藏区、机场噪声控制区、市政走廊预留和道路红线外控制区、矿产采空区外围、地质灾害低易发区、蓄涝洪区、行洪河道外围一定范围等，限制城市建设开发活动。

3）适建区

在已经划定为城市建设用地的区域，合理安排生产用地、生活用地和生态用，合理确定开发时序、开发模式和开发强度。

“四线”包括：

1）绿线

划定城市各类绿地范围的控制线，规定保护要求和控制指标。

2）蓝线

划定在城市规划中确定的江、河、湖、库、渠和湿地等城市地表水体保护和控制的地域界线，规定保护要求和控制指标。

3）紫线

划定国家历史文化名城内的历史文化街区和省、自治区、直辖市人民政府公布保护的历史建筑的保护范围界线，以及城市历史文化街区外经县级以上人民政府公布保护的历史建筑的保护范围界线。

4）黄线

划定对城市发展全局有影响、必须控制的城市基础设施用地的控制界线，规定保护要求和控制指标。

此外，美丽乡村的总体规划应和土地规划、区域规划、乡村空间规划相协调，应当依据当地的经济、自然特色、历史和现状的特点，综合部署，统筹兼顾，整体推进。

坚持合理用地、节约土地的原则，充分利用原有建设用地。在满足乡村功能上的合理性、基本建设运行上的经济性前提下，尽可能地使用非耕地和荒地，要与基本农田保护区规划相协调。

在规划中，要注意保护乡村的生态环境，注意人工环境与自然环境相和谐。要把乡村绿化、环卫建设、污水处理等建设项目的开发和环境保护有机地结合起来，力求取得经济效益同环境效益的统一。

在对美丽乡村规划中，要充分运用辩证法，新建和旧村改造相结合，保持乡村发展过程的历史延续性，保护好历史文化遗产、传统风貌及自然景观。达到创新与改造、保护与协调的统一。

美丽乡村规划要与当地的发展规划相一致，要处理好近期建设与长远发展的关系，使乡村规模、性质、标准与建设速度同经济发展和村民生活水平提高的速度相同步。

第二节　乡镇规划用地标准

在对乡村进行规划时，应按照国家标准《城市用地分类与规划建设用地标准》（GB 50137—2011）执行。

一、规划人均城市建设用地面积标准

1. 规划人均城市建设用地面积指标应根据现状人均城市建设用地面积指标、城市（镇）所在的气候区以及规划人口规模，按表 3-1 的规定综合确定，并应同时符合表中允许采用的规划人均城市建设用地面积指标和允许调整幅度双因子的限制要求。

表 3-1　规划人均城市建设用地面积指标（m^2/ 人）

气候区	现状人均城市建设用地面积指标	允许采用的规划人均城市建设用地面积指标	允许调整幅度		
			规划人口规模≤20.0万人	规划人口规模20.1万～50.0万人	规划人口规模＞50.0万人
Ⅰ、Ⅱ、Ⅵ、Ⅶ	≤ 65.0	65.0 ～ 85.0	>0.0	>0.0	>0.0
	65.1 ～ 75.0	65.0 ～ 95.0	+0.1 ～ +20.0	+0.1 ～ +20.0	+0.1 ～ +20.0
	75.1 ～ 85.0	75.0 ～ 105.0	+0.1 ～ +20.0	+0.1 ～ +20.0	+0.1 ～ +15.0
	85.1 ～ 95.0	80.0 ～ 110.0	+0.1 ～ +20.0	-5.0 ～ +20.0	-5.0 ～ +15.0
	95.1 ～ 105.0	90.0 ～ 110.0	-5.0 ～ +15.0	-10.0 ～ +15.0	-10.0 ～ +10.0
	105.1 ～ 115.0	95.0 ～ 115.0	-10.0 ～ -0.1	-15.0 ～ -0.1	-20.0 ～ +0.1
	>115.0	≤ 115.0	<0.0	<0.0	<0.0
Ⅲ、Ⅳ、Ⅴ	≤ 65.0	65.0 ～ 85.0	>0.0	>0.0	>0.0
	65.1 ～ 75.0	65.0 ～ 95.0	+0.1 ～ +20.0	+0.1 ～ +20.0	+0.1 ～ +20.0
	75.1 ～ 85.0	75.0 ～ 100.0	-5.0 ～ +20.0	-5.0 ～ +20.0	-5.0 ～ +15.0
	85.1 ～ 95.0	80.0 ～ 105.0	-10.0 ～ +15.0	110.0 ～ +15.0	-10.0 ～ +10.0
	95.1 ～ 105.0	85.0 ～ 105.0	-15.0 ～ +10.0	-15.0 ～ +10.0	-15.0 ～ +5.0
	105.1 ～ 115.0	90.0 ～ 110.0	-20.0 ～ -0.1	-20.0 ～ -0.1	-25.0 ～ -5.0
	>115.0	≤ 110.0	<0.0	<0.0	<0.0

注：1）气候区应符合《建筑气候区划标准》（GB 50178—1993）的规定。

2）新建城市（镇）、首都的规划人均城市建设用地面积指标不适用本表。

2. 新建城市（镇）的规划人均城市建设用地面积指标宜在 85.1 ～ 105.0m^2/ 人内确定。

3. 首都的规划人均城市建设用地面积指标应在 105.1 ～ 115.0m^2/ 人内确定。

4. 边远地区、少数民族地区城市（镇）以及部分山地城市（镇）、人口较少的工矿业城市（镇）、风景旅游城市（镇）等，不符合表 1-2 规定时，应专门论证确定规划人均城市建设用地面积指标，且上限不得大于 150.0m^2/ 人。

5. 编制和修订城市（镇）总体规划应以本标准作为规划城市建设用地的远期控制标准。

二、规划人均单项城市建设用地面积标准

1. 规划人均居住用地面积指标应符合表 3-2 的规定。

表 3-2　人均居住用地面积指标（m^2/ 人）

建筑气候区划	Ⅰ、Ⅱ、Ⅵ、Ⅶ气候区	Ⅲ、Ⅳ、Ⅴ气候区
人均居住用地面积	28.0 ～ 38.0	23.0 ～ 36.0

2. 规划人均公共管理与公共服务设施用地面积不应小于 5.5m^2/ 人。

3. 规划人均道路与交通设施用地面积不应小于 12.0m^2/ 人。

4. 规划人均绿地与广场用地面积不应小于 10.0m²/ 人，其中人均公园绿地面积不应小于 8.0m²/ 人。

5. 编制和修订城市（镇）总体规划应以本标准作为规划单项城市建设用地的远期控制标准。

三、规划城市建设用地结构

1. 居住用地、公共管理与公共服务设施用地、工业用地、道路与交通设施用地和绿地与广场用地五大类主要用地规划占城市建设用地的比率宜符合表 3-3 的规定。

表 3-3　规划城市建设用地结构

用地名称	占城市建设用地的比率（%）
居住用地	25.0 ～ 40.0
公共管理与公共服务设施用地	5.0 ～ 8.0
工业用地	15.0 ～ 30.0
道路与交通设施用地	10.0 ～ 25.0
绿地与广场用地	10.0 ～ 15.0

2. 工矿城市（镇）、风景旅游城市（镇）以及其他具有特殊情况的城市（镇），其规划城市建设用地结构可根据实际情况具体确定。

第三节　乡村工业用地规划设计

工业生产是美丽乡村经济发展的主要因素，也是加快乡村现代化的根本动力，它往往是美丽乡村形成与发展的主导因素。因此乡村工业用地的规模和布局直接影响乡村的用地组织结构，在很大程度上决定了其他功能用地的布局。工业用地的布置形式应符合如下要求：

乡村工业用地的规划布置形式，应根据工业的类别、运输量、用地规模、乡村现状以及工业对美丽乡村环境的危害程度等多种因素综合决定。一般情况下，其布置形式主要有如下 3 种。

1. 布置在村内的工业

在乡村中，有的工厂具有用地面积小，货运量不大，用水与用电量又少，但生产的产品却与乡村居民生活关系密切，整个生产过程无污染排放等特点，如小五金、小百货、小型食品加工、服装缝纫、玩具制造、文教用品、刺绣编织等工厂及手工业企业。这类工业企业可采用生产与销售相结合的方式布置，形成社区性的手工业作坊。

工业用地布置在村镇内的特点是，为居民提供就近工作的条件，方便职工步行上下班，减少了交通量。

2. 布置在乡村边缘的工业

根据近几年乡村工业用地的布置来看，布置在乡村边缘的工业较多。按照相互协作的关系，这类布置应尽量集中，形成一个工业小区。这样，一方面满足了工业企业自身的发展要求，另一方面又考虑了工业区与居住区的关系，既可以统一建设道路工程、上下水工程设施，也可以达到节约用地、减少投资。并且还能减少性质不同的工业企业之间的相互干扰，又能使职工上下班人流适当分散。布置在村边缘的企业，所生产的产品就可以通过公路、水运、铁路等运输形式进行发货和收货。这类企业主要是机械加工、纺织厂等。

3. 布置在远离乡村的工业

在乡村中，有些工业受经济、安全和卫生等方面要求的影响，宜布置在远离乡村的独立地段。如砖瓦厂、石灰、选矿等原材料工业；有剧毒、爆炸、火灾危险的工业；有严重污染的石化工业和有色金属冶炼工业等。为了保证居住区的环境质量，规划设计时，应按当地最小风频、风向布置在居住区的下风侧，必须与居住区留有足够的防护距离。

第四节 乡村农业用地规划设计

农业用地又称农用地，指直接或间接为农业生产所利用的土地，包括耕地、园地、林地、牧草地、养捕水面、农田水利设施用地（如水库、闸坝、堤埝、排灌沟渠等），以及田间道路和其他一切农业生产性建筑物占用的土地等。农业用地利用的合理性标准为：要求达到环境、社会、经济、生态等方面效益的统一，以保持良性循环，永续利用。

在土地利用总体规划确定的建设用地范围内，因设施农业项目发展需要，申请按建设用地使用土地的，可按建设用地管理，并依法办理建设审批手续。

各地要根据农业发展规划和土地利用规划，在保护耕地、合理利用土地的前提下，积极引导设施农业发展。设施建设应尽量利用荒山荒坡、滩涂等未利用地和低效闲置的土地，不占或少占耕地，严禁占用基本农田。确需占用耕地的，也应尽量占用劣质耕地，避免滥占优质耕地，同时通过工程、技术等措施，尽量减少对耕作层的破坏。

第五节 乡村道路用地规划设计

“要想富，先修路”是乡村发展的精辟总结，“村村通”工程为乡村发展奠定了坚实的基础。公路在乡村中的布置应遵守如下要求。

在规划美丽乡村对外交通公路时，通常是根据公路等级、乡村性质、乡村规模和客货流量等因素来确定或调整公路线路走向与布置。在乡村中，常用的公路规划布置方式有：

1. 把过境公路引至乡村外围，以切线的布置方式通过乡村边缘。这是改造原有乡村道路与过境公路矛盾经常采用的一种有效方法。

2. 将过境公路迁离村落，与村落保持一定的距离，公路与乡村的联系采用引进入村道路的方法布置。

3. 当乡村汇集多条过境公路时，可将各过境公路的汇集点从村区移往村边缘，采用过境公路绕过乡村边缘组成乡村外环道路的布置方式。

4. 过境公路从乡村功能分区之间通过，与乡村不直接接触，只是在一定的入口处与乡村道路相连接的布置方式。

5. 高速公路的定线布置可根据乡村的性质和规模、行驶车流量与乡村的关系，可划为远离乡村或穿越乡村两种布置方式。若高速公路对本村的交通量影响不大，则最好远离该村布置，另建支路与该村联系；若必须穿越乡村，则穿入村区段路面应高出地面或修筑架桥，做成全程立交和全程封闭的形式。

第六节　乡村公共建筑用地规划设计

乡村公共建筑用地与居民的日常生活息息相关，并且占地较多，所以乡村的公共建筑用地的布置，应根据公共建筑不同的性质来确定。在布置上，公共建筑用地应布置在位置适中，交通方便，自然地形富于变化的地段，并且要保证与村民生活方便的服务半径，有利于乡村景观的组织和安全保障等。

1. 乡村中的日常商业用地

与村民日常生活有关的日用品商店、粮油店、菜场等商业建筑，应按最优化的服务半径均匀分布，一般应设在村的中心区。

乡村集贸市场，可以按集贸市场上的商品种类、交易对象确定用地。集贸市场商品种类可分为如下几类：

1）农副产品。主要有蔬菜、禽蛋、肉类、水产品等。

2）土特产品。当地山货、土特产、生活用品、家具等。

3）牲畜、家禽、农具、作物种子等。

4）粮食、油料、文化用品等。

5）工业产品、纺织品、建筑材料等。

对于在集贸市场上的农副产品和土产品，与乡村居民的生活有着密切关系，所以应在村子的中心位置布局，以方便村民的生活需要。

对于新兴的物流市场、花卉交易、再生资源回收市场、农业合作社交易市场等，也应在规划用地中给予充分的考虑。布局时，则应设置在交通方便的地方。一般单独地设在村子的边缘，同时应配套相应的服务设施。

从乡村的集贸市场和专业市场来看，其平面表现形式有两种：沿街带状或连片面状。

对于专业市场的用地规模，应根据市场的交易状况以及乡村自身条件和交易商品的性质等因素进行综合确定。

2. 学校、幼儿园教育用地

在中心村设置有学校和幼儿园的建筑用地，应设在环境安静、交通便利，阳光充足、空气流通、排水通畅的地方。对于幼托所，可设置在住宅区内。

3. 医疗卫生、福利院用地

为改善百姓就医环境，满足基本公共卫生服务需求，缩小城乡医疗差距，达到小病不出村，老有所养，乡村卫生所和老年福利院建设不可忽视。规划村级卫生所和老年福利院，要选择阳光充足、通风良好、环境安静，方便就诊和养老的地方，并且所前院内应有足够的停放车位置。

4. 村级行政管理用地

对于中心村来讲，村级行政管理建筑用地可包括村委办公、文化娱乐、旅游接待等。应结合相应的功能选择合适的地方，并要有足够的发展空间。

第七节　乡村居住用地规划设计

为乡村居民创造良好的居住环境，是乡村规划的目标之一。为此在乡村总体规划阶段，必须选择合适的用地，处理好与其他功能用地的关系，确定组织结构，配置相应的服务设施，同时注意环保，做好绿化规划，使乡村具有良好的生态环境。

乡村人居规划的理念应体现出人、自然、技术内涵的结合，强调乡村人居的主体性、社会性、生态性及现代性。

一、乡村人居的规划设计

乡村居住建设工作要按“统一规划，统一设计，统一建设，统一配套，统一管理”的原则进行，改变传统的一家一户各自分散建造，为统一的社会化的综合开发的新型建设方式，并在改造原有居民单院独户的住宅基础上，建造多层住宅，提高住宅容积率和减少土地空置率，合理规划乡村的中心村和基层村，搞好退宅还耕扩大农业生产规模，防止土地分割零碎。乡村居住区的规划设计过程应因地制宜，结合地方特色和自然地理位置，注意保护文化遗产，尊重风土人情，重视生态环境，立足当前利益并兼顾长远利益，量力而行。

1. 中心村的建设。中心村的位置应靠近交通方便地带，要能方便连接城镇与基础村，起到纽带作用。中心村的住宅应从提高容积率和节约土地的角度考虑，提倡多层住宅，如多层乡村公寓。政府要统一领导农民设计建设，不再批土地给村民私人建造单家独院住宅，政府应把这项工作纳入自己的目标任务，加大力度规划和引导中心村的建设，逐步实现中心村住宅商品化。

2. 基层村的建设。基层村应与中心村有便捷的交通，其设置应以农林牧副渔等产业的直接生产来确定其结构布局。鉴于农业目前的生产关系，可将各零星的自然村集中调整成为一个新的“自然”行政村，尽量让一些有血缘关系或亲友关系或有共同语言的农民聚在一起，便于形成乡村规模经济。基层村的住宅要以生产生活为目的，最好考虑联排形式，可借鉴郊区的联排别墅建成多层农房，并进行功能分区，底层用作仓储，为生产活动做准备；其他层为生活居住区，这样将有利于生产生活并节约土地。

3. 零星村的迁移建设。在旧村庄的改建过程中，必须下大工夫使不符合规划的村庄和散居的农户分批迁移，逐步退宅还耕，加强新村的规划设计。在迁移过程中要考虑农民的经济能力，各地政府不要操之过急。对于确有困难的农民可以允许推迟或予以政策支持，同时要给迁移的村民予以一定的补偿。

二、乡村居住用地的布置方式和组织

美丽乡村居住用地的布置一般有两种方式：

1. 集中布置。乡村的规模一般不大，在有足够的用地且用地范围内无人为或自然障碍时，常采用这种方式。集中布置方式可节约市政建设的投资，方便乡村各部分在空间上的联系。

2. 分散布置。若用地受到自然条件限制，或因工业、交通等设施分布的需要，或因农田保护的需要，则可采用居住用地分散布置的形式。这种形式多见于复杂地形、地区的乡村。

乡村由于人口规模较小，居住用地的组织结构层次不可能与城市那样分明。因此，乡村居住用地的组织原则是：服从乡村总体的功能结构和综合效益的要求，内部构成同时体现居住的效能和秩序；居住用地组织应结合道路系统的组织，考虑公共设施的配置与分布的经济合理性以及居民生活的方便性；符合乡村居民居住行为的特点和活动规律，兼顾乡村居住的生活方式；适应乡村行政管理系统的特点，满足不同类型居民的使用要求。

第八节　乡村旅游用地规划设计

乡村旅游对促进乡村产业转型升级，实现农村居民收入增加，整合乡村资源、发挥其最大价值，有较大的助推作用。乡村振兴战略提出，"实施休闲农业和乡村旅游精品工程，建设一批设施完备、功能多样的休闲观光园区、森林人家、康养基地、乡村民宿、特色小镇"。要求通过本地科学利用，发展乡村旅游，打造农村新产业，助力乡村振兴。然而在现实的旅游规划中，如何编制和实施土地利用规划，尚无明确规定。《旅游规划通则》对编制旅游发展规划及各类旅游区规划提出了总体要求，但没有对旅游土地利用提出具体要求，仅提出"确定规划旅游区的功能分区和土地利用"。乡村振兴战略背景下，旅游土地利用规划如何编制和实施，应引起重视。

一、旅游土地利用规划实践情况概述

在旅游规划实践中，旅游土地利用规划依据编制方法的变化可分为 3 个阶段。

第一阶段（2011 年以前）:《风景名胜区规划规范》中提出了以"土地利用协调规划"为指导。编制风景名胜区规划时，要求"简要描述用地情况，列用地平衡表，并将用地分类标准附上"。这个阶段未涉及旅游土地规划的问题。

第二阶段（2012—2018 年）：以本轮土地利用总体规划编制完成和《城市用地分类与规划建设用地标准》颁布为标志，部分编制单位在编制"风景名胜区规划"时，加入了用地宜适性评价表；一些编制单位，在按照风景名胜区用地类型分类的基础上，增加了按照城市用地类型划分的土地利用平衡表；有的编制单位甚至引入土地利用总体规划的编制方法，依据《土地利用现状分类》对用地类型进行描述，明确包括哪些地块，然后列出用地平衡表；个别编制单位依据《城市用地分类与规划建设用地标准》，将景区的建设用地进行细分，并引入当地土地利用总体规划进行衔接说明。本阶段的特点是，编制方法多样，开始关注和运用土地利用规划，但编制内容仍偏简单。

第三阶段：以"多规合一"实践和 2018 年党和国家机构政改革中城乡规划管理职责、编制主体功能区规划职责划入自然资源部为标志。旅游土地利用规划将具有落地性，并开始与国土空间规划无缝衔接，确保旅游开发建设用地指标到位。

二、旅游土地利用规划存在问题分析

纵观近 20 年旅游规划编制实践，旅游土地利用规划主要存在三个方面问题：一是未

明确旅游用地界定；二是落实需要的建设用地数量及获取指标难度大；三是编制技能不足。

旅游土地利用规划编制中，大多数规划编制单位简单以《风景名胜区规划规范》为依据，“依葫芦画瓢”区划项目地块性质，未能着眼土地利用总体规划，明确旅游用地的内涵和外延。

在《旅游规划通则》（GB/T 18971—2003）中按游发展规划未提及旅游项目建设用地指标如何落实，致使规划单位对旅游土地利用规划认识不足，对土地利用规划研究不够，无法区别旅游建设用与非建设用地，更无法提出建设用地指标获得途径。旅游土地利用规划的缺失，制约了旅游土地的科学利用，影响了旅游业的健康发展。尤其是乡村振背景下的乡村旅游业，缺少旅游土地利用规划引导，难以实现科学的空间布局。

三、乡村振兴下的旅游土地利用规划思考

旅游用地界定。进入21世纪，旅游用地界定开始引起社会各界的关注，特别是2013年原国土资源部将桂林市作为旅游产业用地改革试点城市，探索政策创新和突破，一些专家就此提出了一套完整的旅游用地分类体系，并将旅游用地分类体系与土地利用现状分类标准、城市规划分类体系进行衔接，推动了旅游产业用地研究不断深入。因此，旅游土地利用规划，需以理解旅游用地的内涵和外延为前提，方能编制好其内容。

践行“多规合一”理念。乡村振兴需产业支撑，产业发展需建设用地指标保障。原有的旅游规划编制实践，忽略了旅游建设用地指标的落实，影响了村旅游业的发展。新形势下，应践行和落实旅游规划“多规合一”，体现与国土空间规划衔接。反映到规划编制上，就是体现土地利用规划的章节内容，将旅游土地利用规划作为乡村振兴战略的基础和重要指南，科学落实旅游用地建设指标。

一是科学编制旅游土地利用规划章节。按篇章结构、文本表述和图件展示3个层次，包括现状分析、用地规划、用地措施、分析现状用地、落实地块用途、阐述建设用地指标来源，提出用地指标保障措施以及旅游用地现状图、旅游用地规划图、旅游用地衔接图等。规划可从现状分析、用地规划、用地措施、规划衔接、建设指标来源和图层叠加等，如实分析地块现状用途及地类性质；分析国土空间规划中本地块规划用途与地类性质，分析项目用地结构及用地平衡；分析用地政策，提出用地开发利用的方向及用地保护方法；注重与上位规划、特别是国土空间规划衔接，并分析其合规性；测算建设用地指标总量，分析建设用地指标来源途径，及获取建设用地指标的方法；通过图层叠加，落实“多规合一”，明确建设用地布局。

二是活用各类用地政策。旅游土地利用规划应结合项目所在地、项目用地情况、项目类型，灵活运用国家、地方、部门相关用地政策，优化旅游用地利用，减少建设用地指标需求。如景区内部行车道、单体建筑、公共服务设施、建筑用途等应紧扣用地政策，将用地政策纳入土地利用规划范围。

三是盘活农村各类建设用地。现行土地利用总体规划中，农村仅规划预留村庄用地，旅游发展所需建设用地预留为零。在此背景下，农村旅游开发所需建设用地指标落实关键在于内部挖潜，通过盘活废弃村庄用地和村庄内其他建设用地，为旅游所用；其次，通过影像图与年度变更图叠加，分析村庄用地现状，寻找可用建设用地指标。笔者认为，创新农村建设用地管理方式，从农村内部获得的建设用地指标，大类上仍可归为村庄用地，且应与国土空间规划地类无缝衔接，便于用地管理。

四是提升旅游规划地位。旅游以其融合性好、带动性强，适于推动生态环境好、文化遗存保存较好、乡愁元素隽永的乡村发展。而一定量的建设用地指标，是旅游开发的前提，建议将旅游用地单独设置用地类别纳入未来国土空间规划中，促进旅游土地利用规划编制更加科学、完善。

第九节　规划设计实例：秋石路延伸工程丁山河村拆迁农居安置点市政配套工程

该项目鸟瞰整体图见图 3-1。

一、工程概况及场地现状分析

本项目地处余杭区超山丁山河村，北靠江南水乡塘栖古镇，南依“十里梅花香雪海”超山风景名胜区及丁山河洋，是江南“鱼米之乡”的完整缩影。地块南面张柴线为丁山河村主要村道，西面秋石路为塘栖镇连接崇贤与杭州的快速通道。地理位置优越，水陆网络发达，交通便利。

1. 地理位置及区位分析

项目区块地址位于张柴线以北，秋石路以东，用地面积约为 75 亩（1 亩 =666.67m^2）（图 3-2 ～图 3-5）。（场地现状区位分析）见图 3-6。

2. 市政条件

考虑到地形和规划因素，设计中小区给水管道、电力管道、电信管道、煤气管道等都由张柴线引入地块内。

基地内设雨水管网和污水管网再通过管网分别排入张柴线上的市政雨水管道和污水管道。

图 3-1　丁山河村拆迁农居安置点市政配套工程鸟瞰图

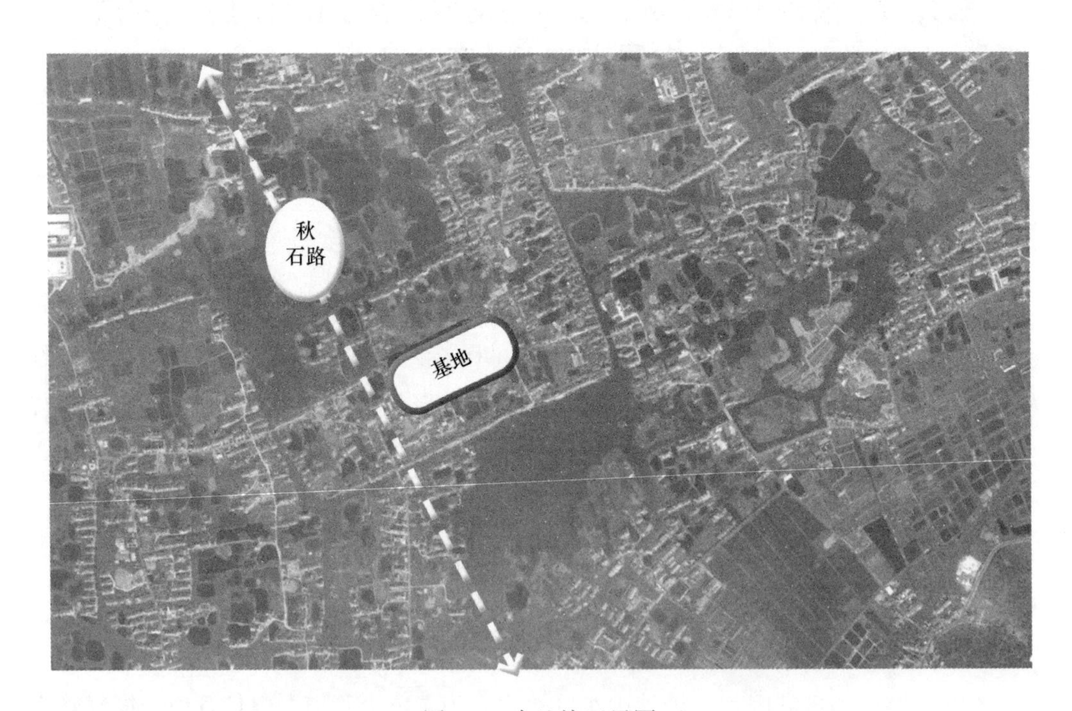

图 3-2　本地块卫星图

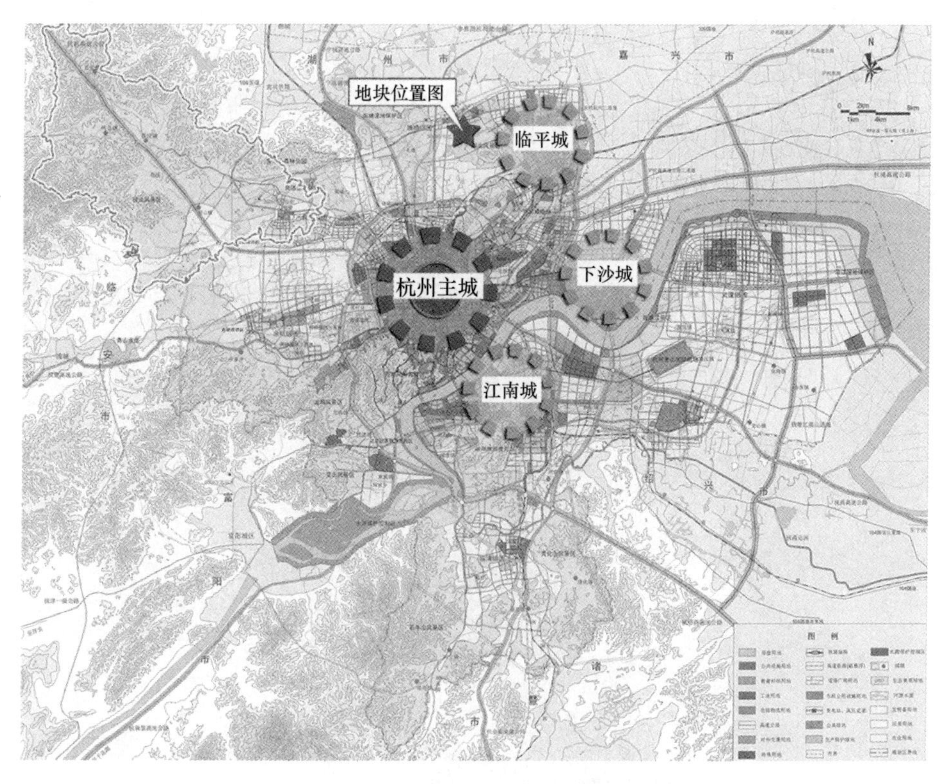

图 3-3　地块在杭州市位置图

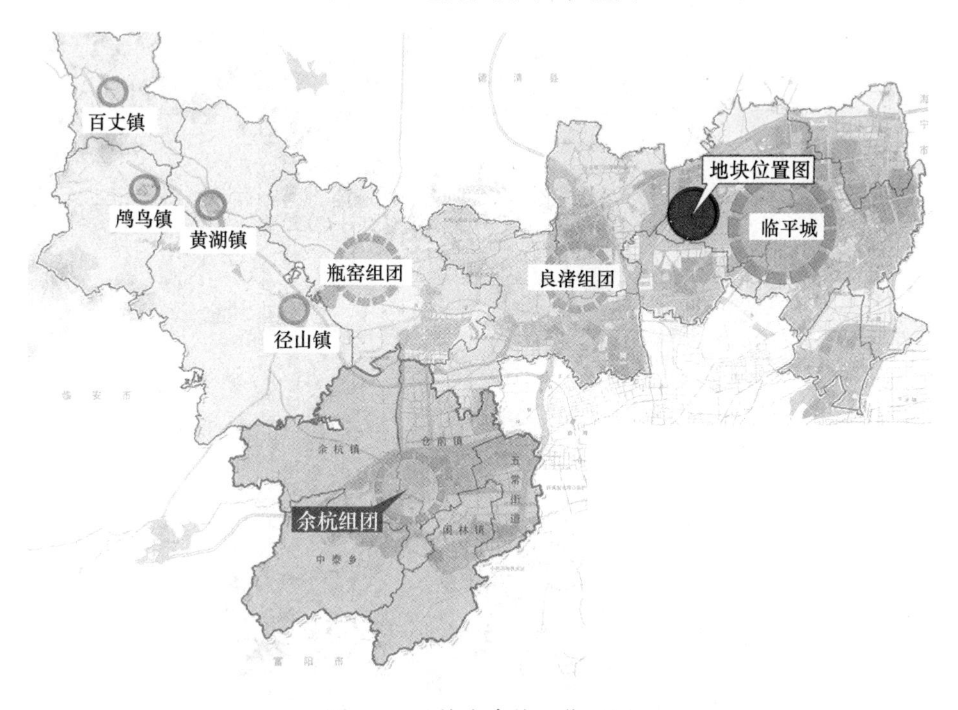

图 3-4　地块在余杭区位置图

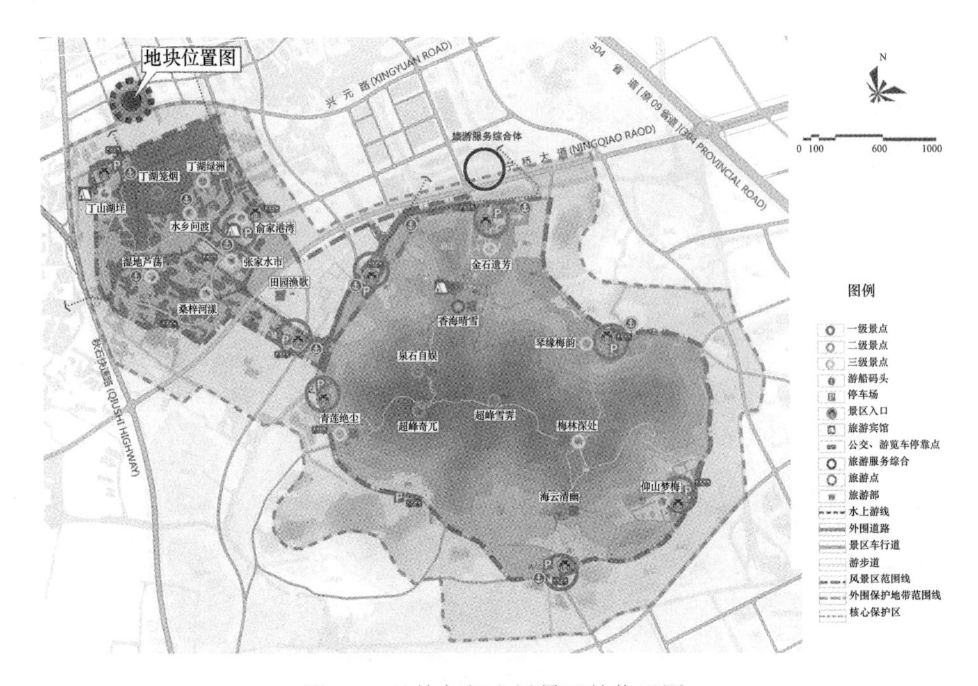

图 3-5 地块与超山风景区的位置图

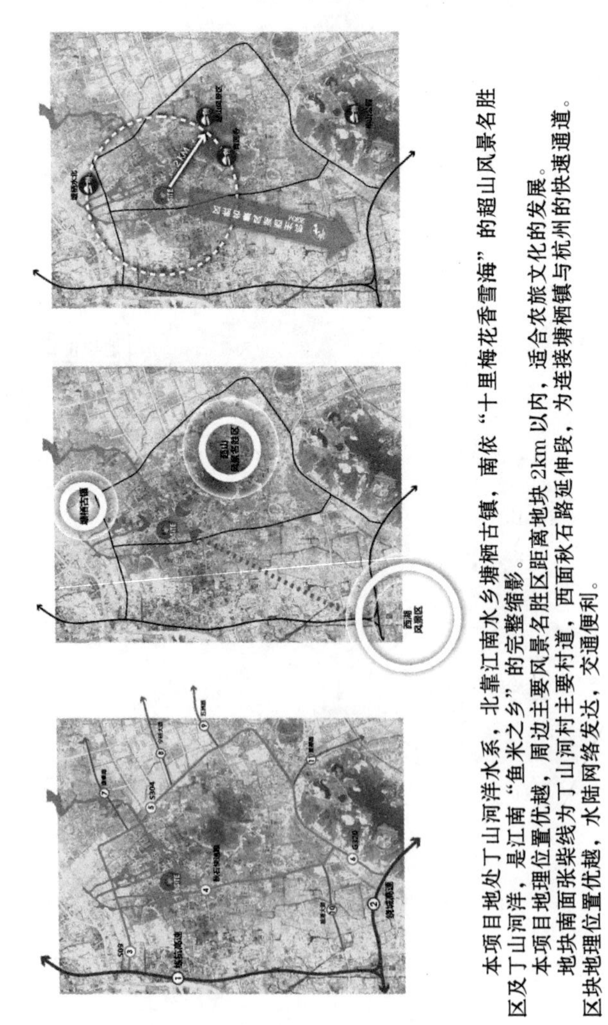

本项目地处丁山河洋水系，北靠江南水乡塘栖古镇，南依“十里梅花香雪海”的超山风景名胜区及丁山河洋，是江南“鱼米之乡”的完整缩影。

本项目地理位置优越，周边主要风景名胜区距离地块 2km 以内，适合农旅文化的发展。

地块南面张柴线为丁山河村主要村道，西面秋石路延伸段，为连接塘栖镇与杭州的快速通道。区块地理位置优越，水陆网络发达，交通便利。

图 3–6 丁山河村拆迁农居安置点场地区位分析图

3. 现状分析

地块外北侧现存宽约 25m 河道，南侧隔路相望为丁山河洋，西侧秋石路以内现存待整治农居房若干，东侧为邻村规划用地。地块内现状鱼塘大小共 14 个，特种鱼塘（黑鱼）约 20 亩，其他鱼塘约 7 亩，农田约 28 亩，旱地约 20 亩（图 3-7、图 3-8）。

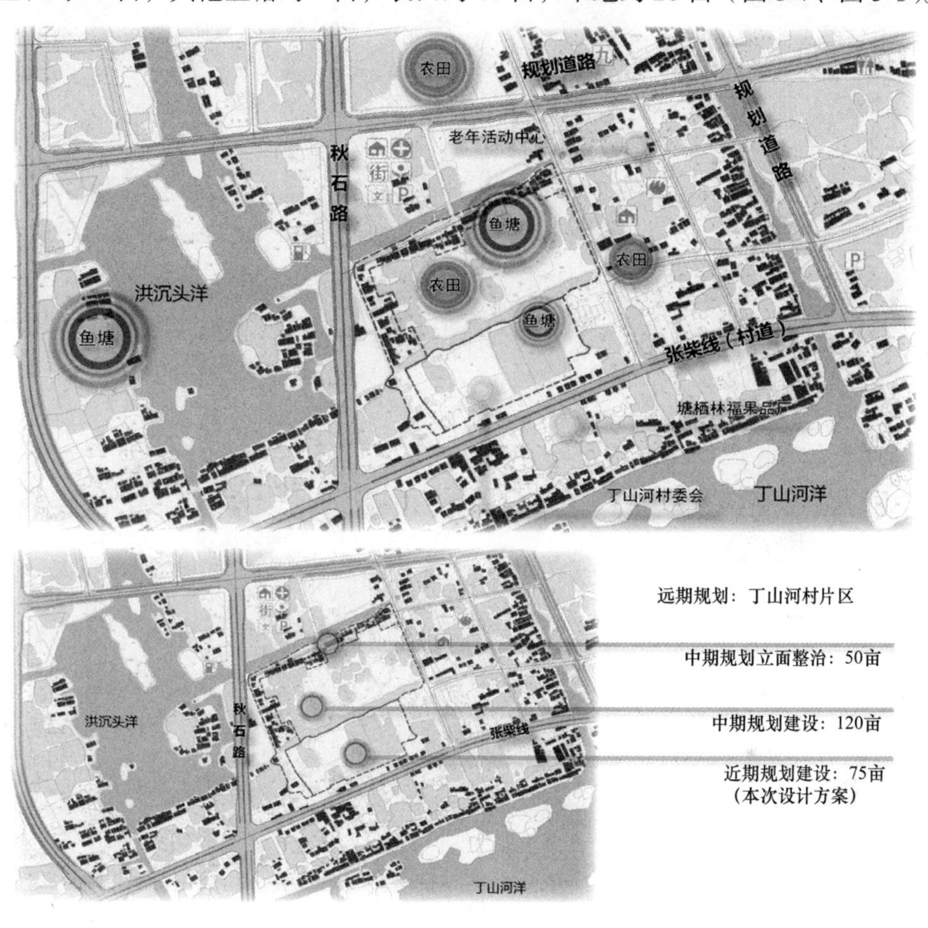

图 3-7　丁山河村拆迁农居安置点现状布局图

二、建设规模和项目组成

本项目为秋石路延伸工程拆迁安置点，需安置户数 72 户（秋石路 63 户，秋石路绿化 6 户，安置点 3 户），近期规划为张柴线以北 75 亩，现状为农田和水塘，交通方便，场地平整，环境优美。中期规划继续用于新建拆迁安置以及对地块周边农房引导性的自主翻建，为该地块以北 120亩。

近期规划中，用地面积 50030m^2，合为75.045亩。总建筑面积约 31388.14m^2，容积率 0.67，建筑密度 23.0%。由 80 幢住宅楼及公共活动配套用房组成。

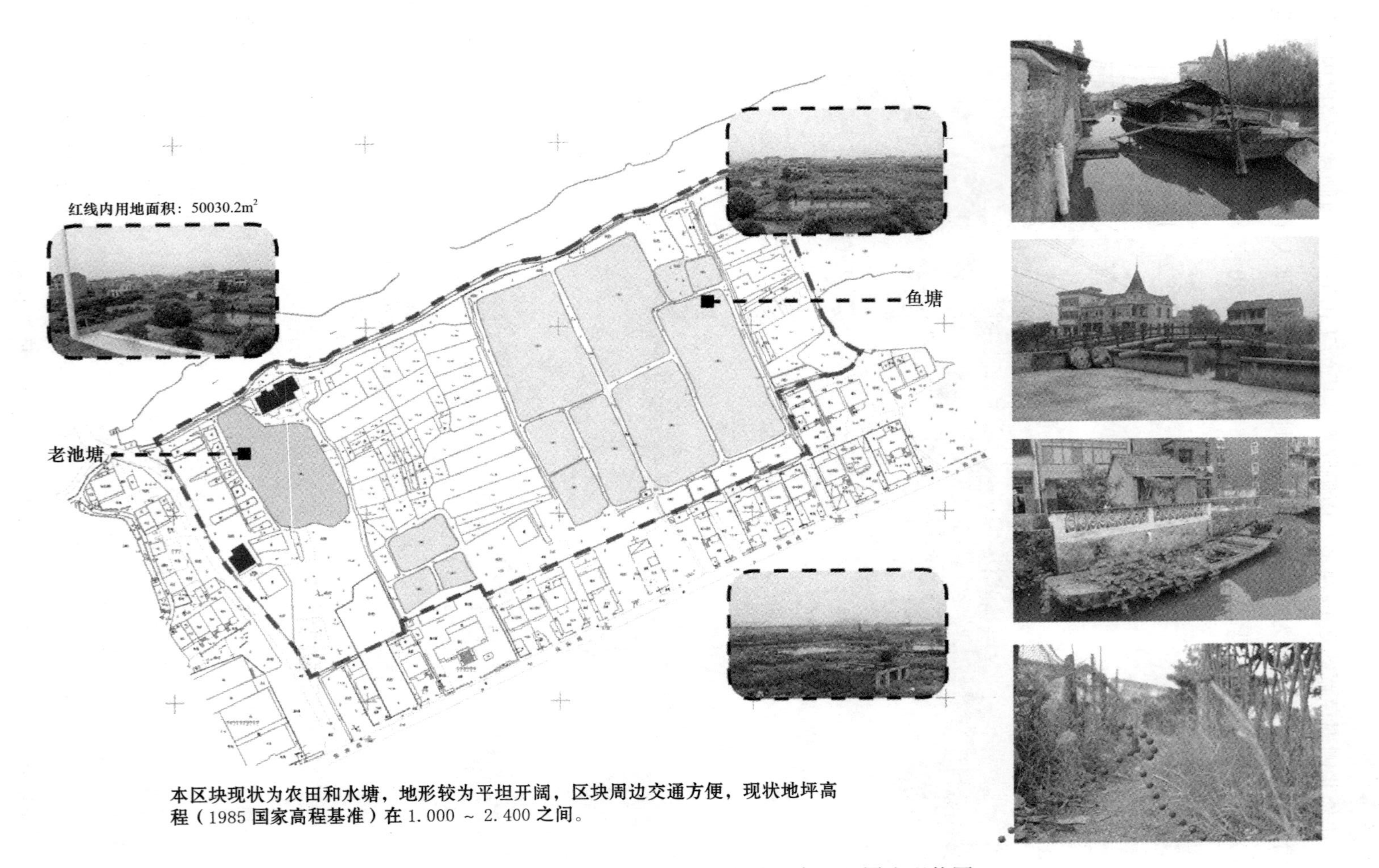

图 3-8　丁山河村拆迁农居安置点市政配套工程周边现状图

三、设计原则

1. 指导原则

本方案以江南水乡风格的杭派民居为设计主题，以中国传统建筑文化与造诣为根本，发掘新型城镇化的可能性。

2. 居住区院落布局的建立

在建筑历史的演变过程中，“杭派民居”中的院落既是传统村落的历史文化遗产，同时也是农村生活迫切回归的居住状态。院落的布置接近自然，与景相关，同时不同尺度的院落使建筑具有可识别的空间环境。并且，在传统村落中，村民日常生活和生产功能可以与其并置和混合。但由于传统院落往往伴随阴暗、潮湿的生活环境，而乡村的更新发展应符合村民当代生活的要求，因而今天的民居院落布局已不可能也不应该与早先的村落布局完全一致。现今的农村居住区设计应能够符合当今农村民居发展规划，同时能够保护村落内在价值以及自主性，强化村民的凝聚力和对家园的认同感。

本方案设计通过符合基地的规划、简单的建造和注重合理的空间塑造，将传统杭派民居中的建筑风貌与空间环境融入方案，继承和发展民居中院落式的空间布局，并以动态的眼光看待村落的发展，结合历史条件和现代生活，注重基础设施的改造和建设，以因地制宜的做法体现村民的意愿，使村民自动参与。

3. 空间层次

本居住区方案传承“杭派民居”的建筑风貌与布局，设计中打破传统偏兵营式布置的拆迁安置小区模式（两户联体），而采用“杭派民居”中院落式的空间布局，营造出丰富的空间层次。空间层次包括居住区开放空间（小区公共活动场所）、半开放空间（组团公共院落）、半私密空间（宅内前后院）和私密空间（户内空间）。

四、设计理念

本规划设计方案在结合当地文化民俗的基础上，力求突破常规安置房建设的模式（两户联体），努力打造院落式的“杭派民居”人文社区，整个布局体现以下六大理念：

理念一：错落有致。组团院落式的排布激发出无限的可能性，使每个组团的院落空间、巷道、街景以及景观节点都更具有识别性，使建筑错落有致，不再单一排布。

理念二：人车分流。组团院落式能有效实现人车分流，实现组团内人行，组团外车行系统。

理念三：安全便利。组团院落式能有效提高地块内的安全性，老、幼群体均可在公共院落中休憩玩耍，利于家族式的群居模式。

理念四：公共空间。每个院落均有一个活动中心，以此加强村民之间的交流，强化村民的凝聚力和对家园的归属感。

理念五：有效绿地。组团院落式将原本分散的绿地空间集聚，使庭院内的景观体验更为丰富。

理念六：地域特色。设计中将原有古池塘、枇杷树等有地域特征的事物保留下来，为整个居住区增添了人文气质与情怀（图 3-9 ～图 3-11）。

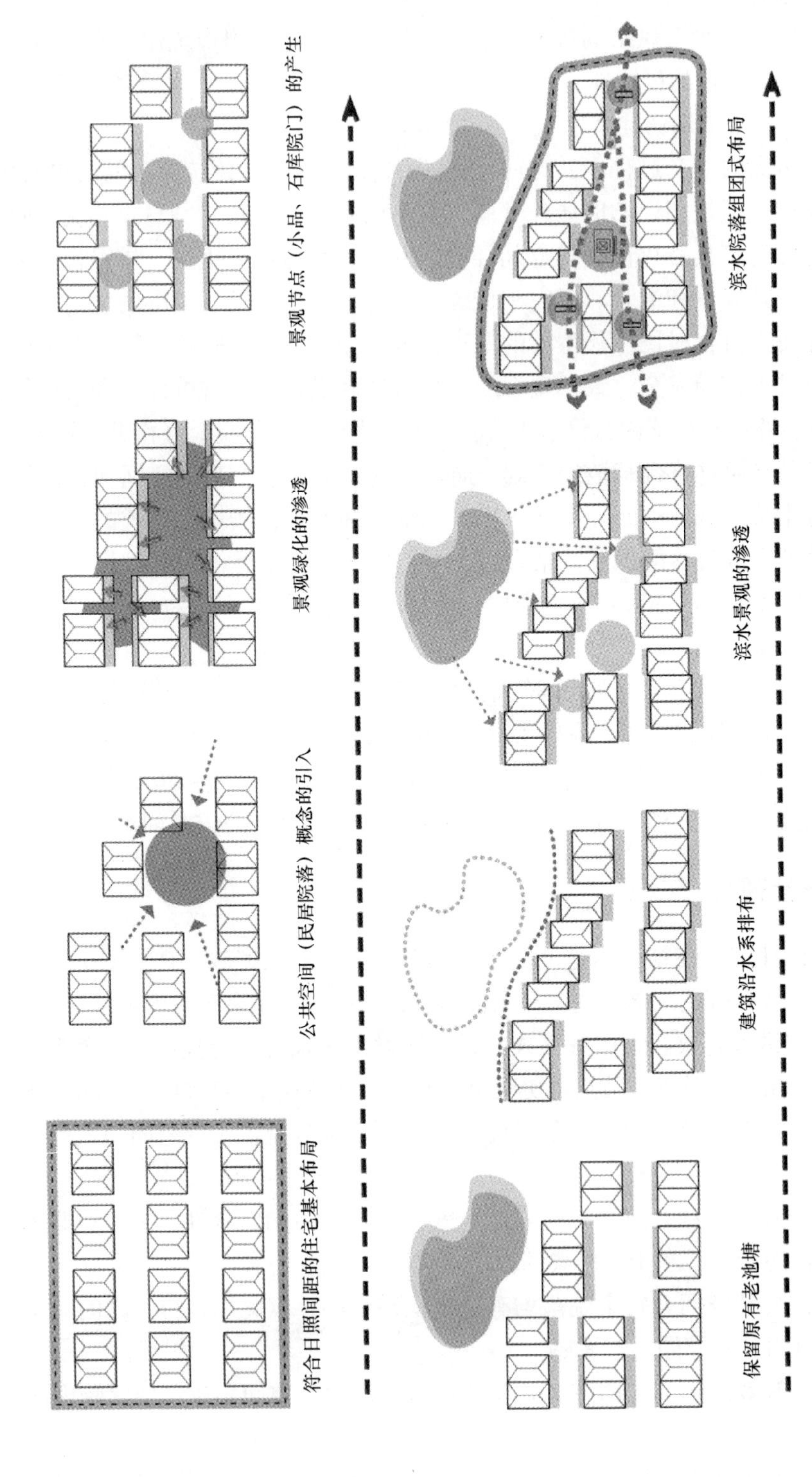

图 3-9　丁山河村拆迁农居安置点市政配套工程思路演化图（一）

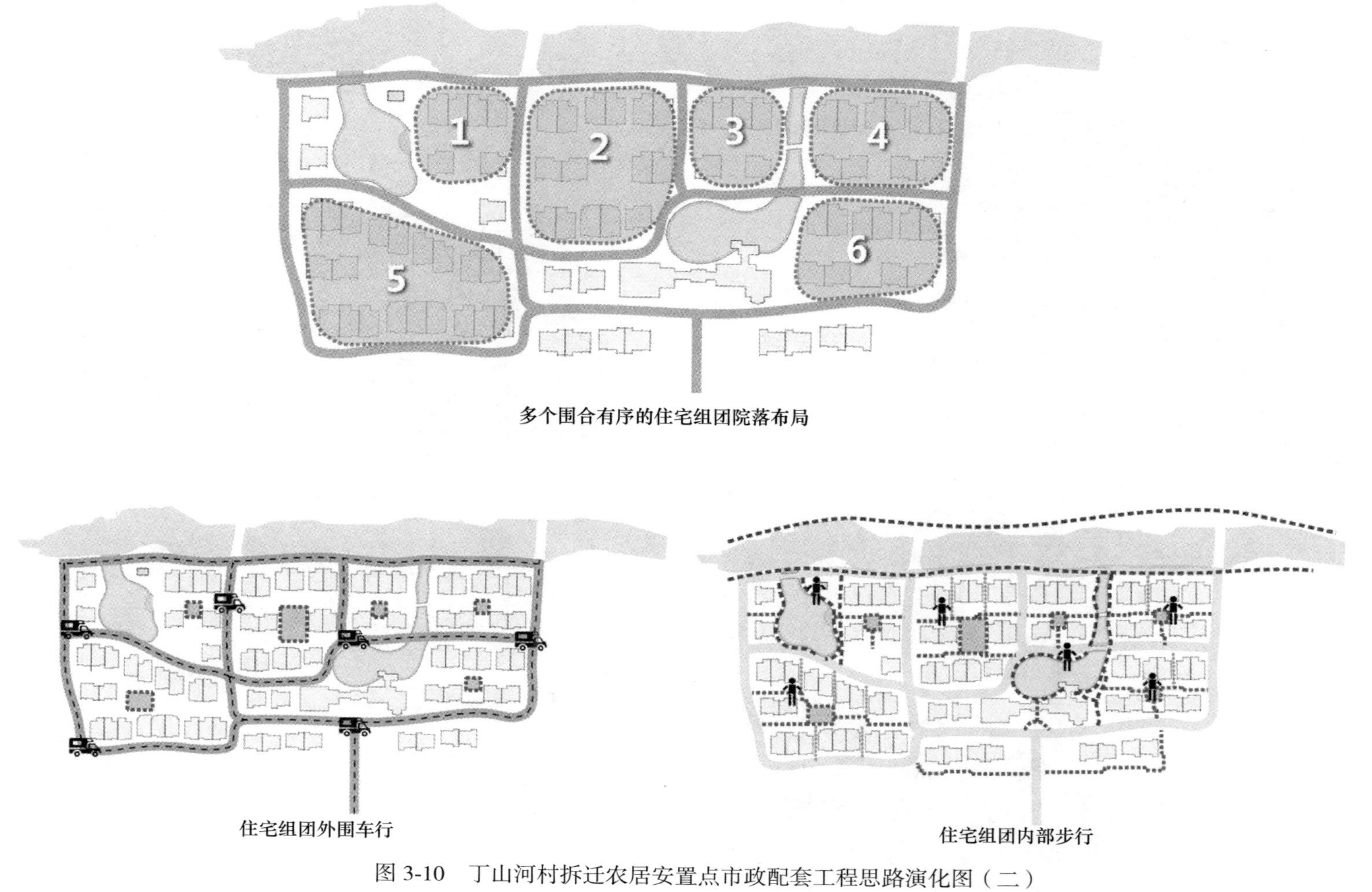

图 3-10　丁山河村拆迁农居安置点市政配套工程思路演化图（二）

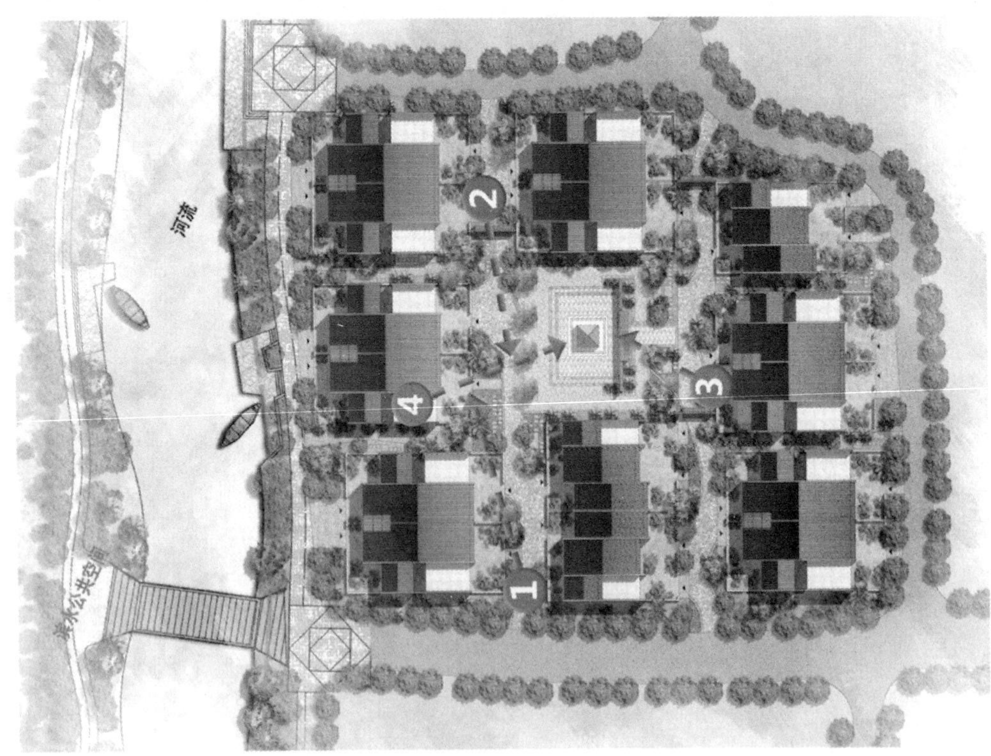

①巷弄视线透视

②巷弄视线透视

③庭院视线透视

④露台视线透视

图 3-11　丁山河村拆迁农居安置点市政配套工程组团布置图

五、设计指导思想

1. 总体布局要求紧凑合理，功能分区明确；要做到节能、节地。

2. 总体布局上，采用“杭派民居”组团院落式的空间布局。

3. 单体建筑融入绿色、节能理念，达到经济节能要求。

六、总体技术经济指标

总体技术经济指标详见表 3-4。

表 3-4　总体技术经济指标表

农居拆迁安置经济技术指标			备注
用地面积（m^2）		50030.2	含保留水域面积：2647.0
实际用地面积（m^2）		47383.2	不含保留水域面积
总建筑面积（m^2）		31388.14	—
其中	住宅建筑面积（m^2）	30033.56	—
	配套用房建筑面积（m^2）	1254.58	—
机动车位（个）		132	—
其中	户内机动车位（个）	80	—
	公共机动车位（个）	52	—
总户数（户）		80	—
绿地率（%）		31.94	—
建筑占地面积（m^2）		10867.48	—
建筑密度（%）		23.0	—
容积率		0.67	—

七、户型配比统计

户型配比统计详见表 3-5。

表 3-5　户型配比统计表

户型配比统计表						
占地面积（m^2）	套型	户型面积（m^2）	套数（户）	比率（%）	总面积（m^2）	配置车位（个）
125	A	376.8	45	56.25	5625	45
125	B	370.9	5	6.25	625	5
125	C	369.3	17	21.25	2125	17
125	D	375.3	13	16.25	1625	13
总计			80		10000	80

注：A、B 户型为大进深小开间，C、D 户型为小进深大开间。

第十节　规划设计实例：东林镇泉益村美丽乡村精品村

一、工程概况

泉益村坐落于东林镇东南部，距镇区约6km，东靠泉庆村，南邻德清县曲溪村，西依泉心村，北接泉庆、泉心。村庄水路便利，东侧杭州港向北可至东林、菱湖、和孚等吴兴各村镇，向南即到德清。陆路交通主要依靠南侧泉益泉庆公路接保戈公路对外联系（图3-12）。

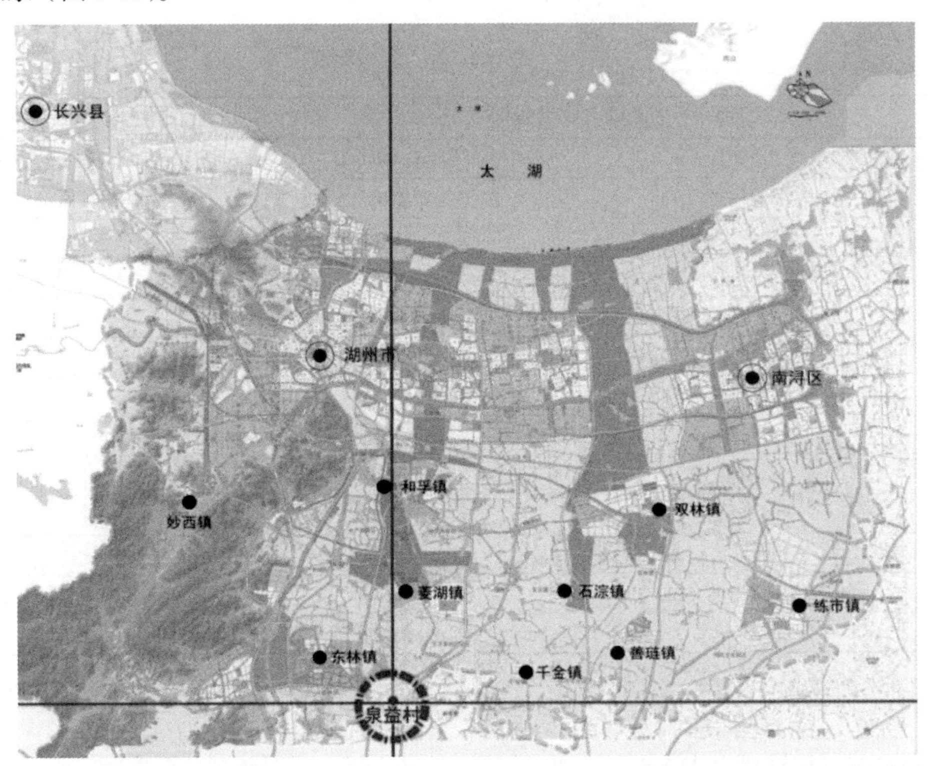

图3-12　东林镇泉益村美丽乡村精品村区位图（东林东南，两区交界）

二、工程规模及人口情况

本次规划范围包括泉益村行政管辖范围，面积约为109公顷（1.09km^2）。人口情况：泉益村现状户籍人口共996人，其中7个自然村共643人，泉益新村安置本村人口共353人。详见表3-6及图3-13。

表3-6　泉益村各自然村现状人口一览表

自然村名	人口（人）
荡湾里	177
费家墩	81
胡家墩	32

续表

自然村名	人口（人）
厉家墩	46
钟家里	76
潘家浜	156
施庄官	75
泉益新村（不含非农居民户）	353
小计	996

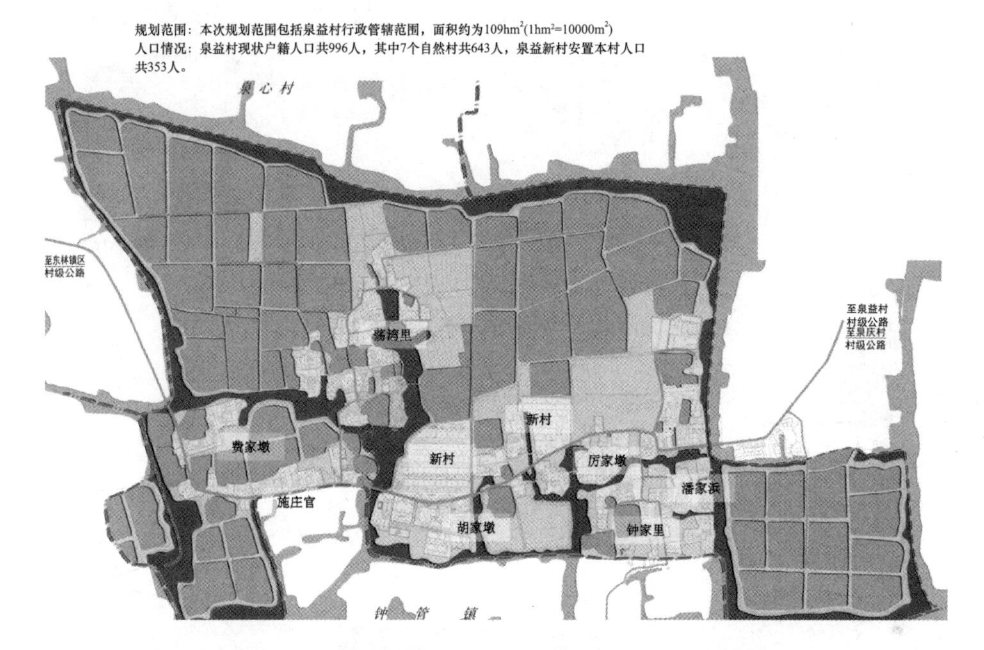

图 3-13　东林镇泉益村美丽乡村精品村规划范围图

三、现状分析

第一印象：水乡泉益。泉益村最大的资源优势就是“水”。全村水域面积总共 1000 余亩，超过整个村域面积的 60%。泉益的一切，包括生产、生活、生态“三生”空间都与“水”有关。

1.“生产”与“水”有关，包括水塘、水田。水塘，其为典型的渔业养殖村：村域内现有 900 亩左右的耕地，其中 553 亩为鱼塘，主要分布在村域的北侧及东部。前几年村庄经过产业升级，将村域内大大小小的鱼塘进行了有序整合。2018 年完成渔业特色村尾水治理项目，覆盖鱼塘 500 多亩。主要养殖鱼、虾等水产。水产养殖已成为泉益村经济收入的主要来源，也成为泉益村的特色产业（图 3-14）。水田，少量、分散布局：村域内部分散着几片水田，约 352 亩，主要种植水稻、油菜等季节性农作物。农田始终是粮食安全保证和生态环境保护的重要基础，也是村庄未来发展休闲农业、现代农业的重要载体（图 3-15）。

图 3-14　东林镇泉益村美丽乡村精品村现状鱼塘分布图

图 3-15　东林镇泉益村美丽乡村精品村现状水田分布图

2.“生活”与“水”有关，其为运河古村、枕水而居。泉益村一直保留着水乡人特有的生活习俗，即依水而建、枕水而居，整个村庄除新村以外，农房基本依水而建。村庄依托自然水系，肌理自然、错落有致，水在村中，房依水建，村落与水系相依相融、天人合一，这种水乡人枕水而居的独特的生活方式是独具特色的自然生态与人文生态最完美的结合。泉家潭是昔日杭湖锡航道上重要的老码头，今日的省级传统村落；荡湾里半陆半水、水与村错落交织（图 3-16）。荡湾里依旧保持水乡村落“枕水而居”的特色，但是建筑立面和形式各异。荡湾里东南侧建了滨水公园，设置木栈道、游步道、亭、廊、码头等，并配置停车场和公厕，整体环境非常优美。2000 年以后，泉益村农户已脱离“依水而居”的生活习惯，村庄建设主要沿着泉庆公路展开。已建新村分为 3 个组团，共 118 户，建筑多为三开间联排，红砖欧式风格，兵营式布局。新村环境良好，但形式现代，失去了泉益水乡的风貌特征。新建的社区服务中心和文化礼堂建于泉庆公路南侧，形成了泉益村的公共服务中心。

图 3-16　水陆交织的荡湾里

3.“生态”与“水”有关，包括乡野河流、水生植物。乡野河流纵横交织，蜿蜒多趣。泉益村四面环水，村域东侧南北向的杭州港更是颇有名气。村庄内部河道纵横交织，蜿蜒曲折，形态丰富，特别是荡湾里一带，河流自然岸线及水质都保持得非常好（图 3-17）。水生植物，植被丰富，原生自然。泉益村村域内植被丰富，许多植被与水有关，如水杉、垂柳、荷花等，而香樟树、竹子、桑树、桂花树等植被星星点点散落在村域各个角落。特别在村庄的河道旁，具有年代的大树随处可见，且形态较好，村庄原生态自然环境非常好。

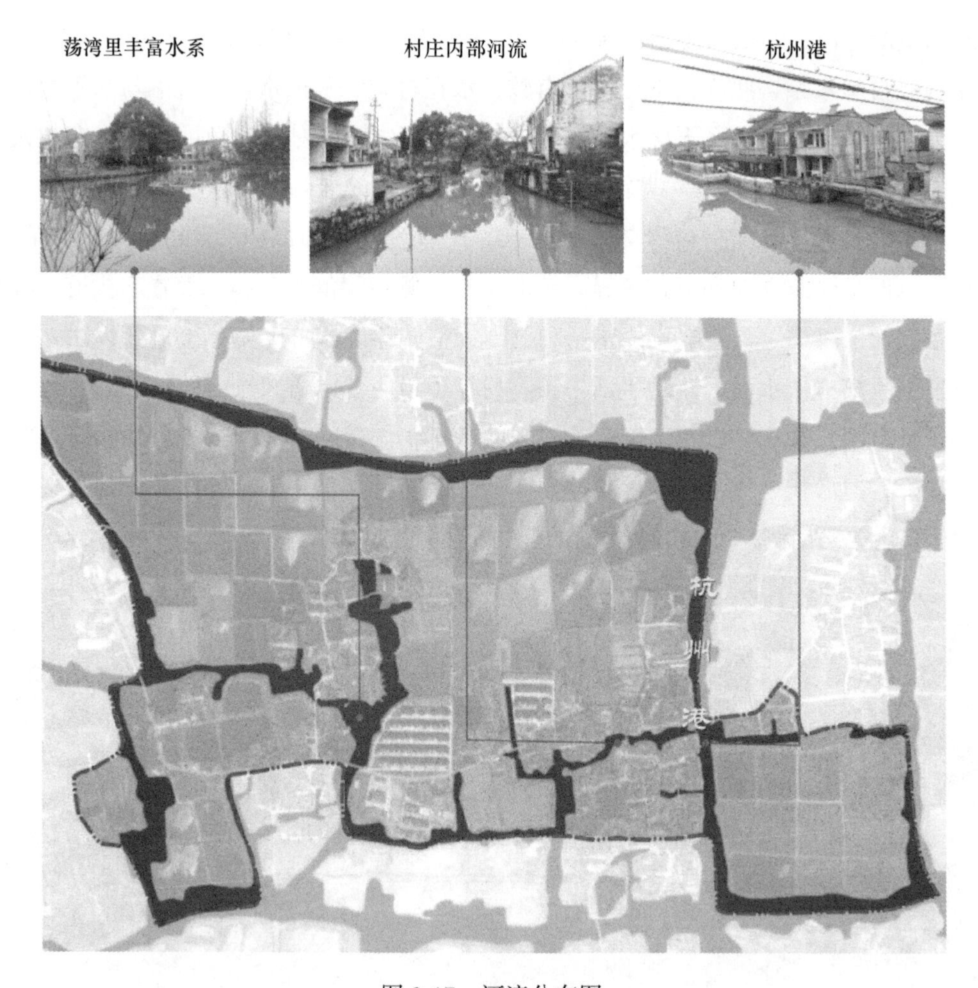

图 3-17　河流分布图

四、泉益村全区域规划设计

规划保留荡湾里自然村和泉益古村落（包含潘家浜自然村和厉家墩自然村部分）两部分，新建安置新村一处，形成一村两点的布局方式。保留荡湾里自然村和泉益古村落，在中间设置新村点一处。村域内共计人口 1140 人，住宅用地 9.72hm^2（图 3-18）。

规划保留荡湾里自然村和泉益古村落（包含潘家浜自然村和厉家墩自然村部分）两部分，新建安置新村一处，形成一村两点的布局方式。

保留荡湾里自然村和泉益古村落，在中间设置新村点一处。村域内共计人口1140人，住宅用地9.72hm²。

规划形成“一村两点”的布局方式

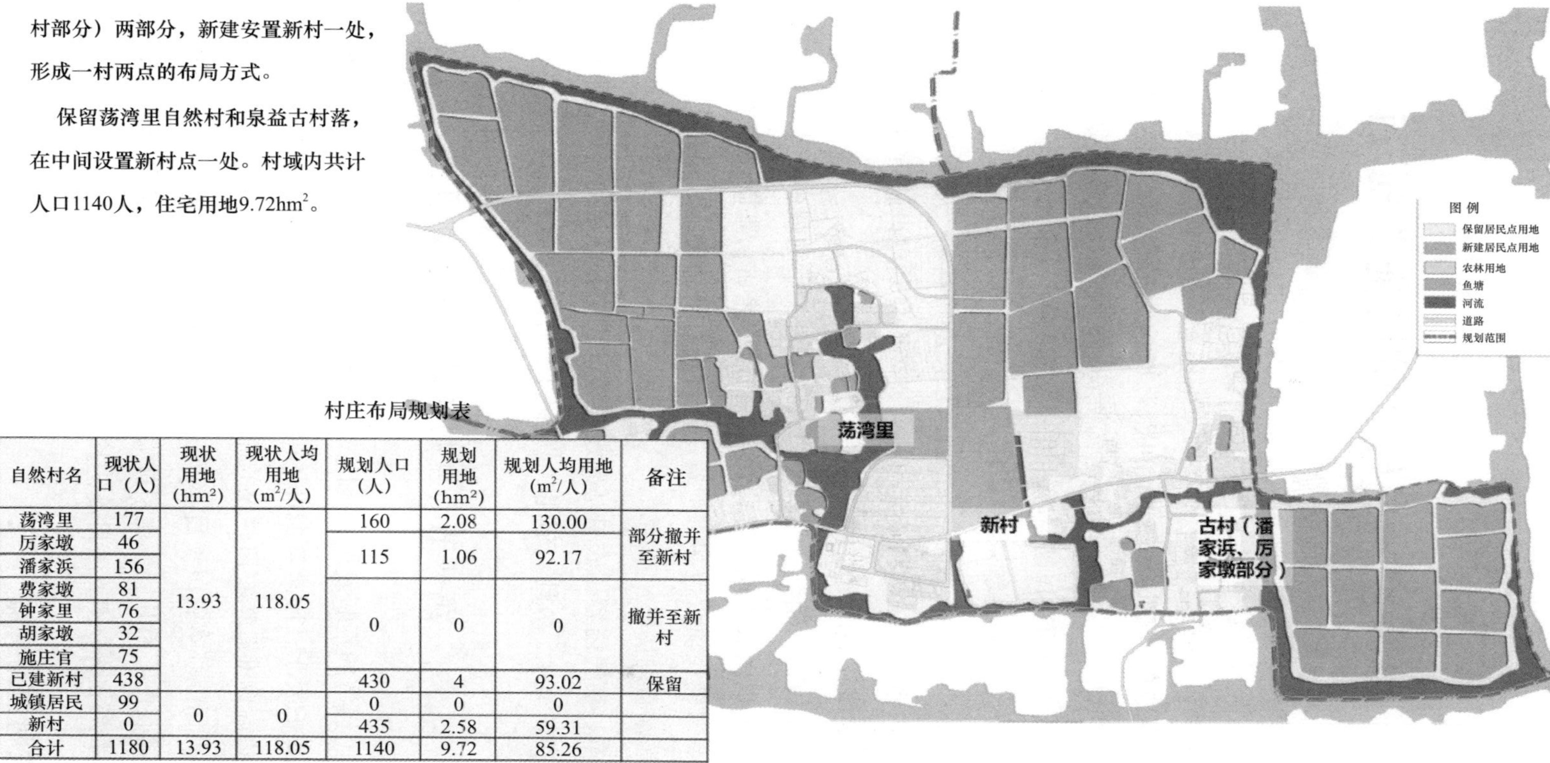

村庄布局规划表

自然村名	现状人口（人）	现状用地（hm²）	现状人均用地（m²/人）	规划人口（人）	规划用地（hm²）	规划人均用地（m²/人）	备注
荡湾里	177	13.93	118.05	160	2.08	130.00	部分撤并至新村
厉家墩	46			115	1.06	92.17	
潘家浜	156						
费家墩	81			0	0	0	撤并至新村
钟家里	76						
胡家墩	32						
施庄官	75						
已建新村	438			430	4	93.02	保留
城镇居民	99	0	0	0	0	0	
新村	0			435	2.58	59.31	
合计	1180	13.93	118.05	1140	9.72	85.26	

备注：城镇居民也安置于内。

图 3-18 “一村两点”规划布置图

第四章　乡村基础设施规划设计

基础设施规划是新农村建设规划的重要内容，基础设施的改善是农业和农村发展的有力支撑。科学的基础设施规划，可以有效落实国家政策，为农业增产、农民增收、农村繁荣注入强劲动力。但是社会主义新农村文化基础设施规划仍然存在许多问题，与农村经济建设发展和农民的需求还有一定的差距。因此，我们必须清楚认识到加强新农村基础设施规划的重要性和紧迫性，保证新农村建设沿着社会主义方向健康发展。

区域统筹，以城带乡。政府承担行政区内农村基础设施的建设任务，县级以上地方政府对区域内乡镇村庄进行统筹安排，避免农村基础设施重复建设，防止城乡基础设施布局混乱，发挥城市对农村的辐射作用。

注重效益，门槛限制。自然村庄中人口规模偏小的较多，达不到规模效应。如果居民点太分散，也无法实现应有的效益。对政府来讲，基础设施建设好做，然而维护的费用很高。忽视规模效益和维护费用盲目进行基础设施建设，将会出现设施无法正常运转、资源浪费的情况。

节约成本，精简内容。农村基础设施建设要充分立足现有设施进行改造，防止大拆大建，落实“节水、节地、节能、节材”的“四节”方针。

第一节　乡村道路工程规划设计

随着我国经济的不断发展，我国对“三农”问题的进一步重视，提出加快建设高标准基本农田的要求，国土资源部、财政部联合下发《关于加快编制和实施土地整治规划大力推进高标准基本农田建设的通知》，随着中央加大农村建设的投入力度，土地整治项目、高标准基本农田项目不断地开展，在这些项目的设计内容中，农村道路占的比重随着项目的不断开展而比率加大，为更好地完成道路部分规划设计，使其合理、便民利用。本章节结合相关项目浅谈其设计思路和要点。

一、农村道路特点

我国是农业大国，农业占经济比重大，对农村基础设施建设的要求也高，随着土地整治项目及高标准基本农田建设项目的开展，其中田间道路的设计和实施成为项目顺利开展的重中之重。而设计的成败在农村地区来说，首先要因地制宜，为达到这个要求，首先需要了解农村道路现状和土地利用的特点，主要有以下几个方面。

1. 不规则性

所谓不规则，即在成片耕地内存在不规则田间道路，有的还存在断头路、多条不规则道路交叉等情况，使部分农田不能达到集中连片，且部分道路的不规则占用浪费了耕地，也不一定能达到道路通畅的最优状况。

2. 不规律性

所谓不规律性，即是指农民耕种及运输等路线不规律，呈现出随意性，前一年的路线，第二年种植庄稼且另开新路，不仅影响耕作层的使用效用，且破坏了设计初期规划的思路，因其后期不必要的变更工作，降低了设计和施工效率，也难以达到高标准农田设计的标准。

3. 用地矛盾多

大部分农村地区，在已划定原有砂石田间作业路的红线边界出现耕种占用情况，当地俗称“拱地头”，使得已规划的道路路面变窄，甚至断路等情况，且在准备规划设计的时候，产生不必要的麻烦，尤其在施工过程中，因此现象所产生的矛盾较多。

4. 农用车辆利用率高

因现代农业的不断发展，农用车辆、机械的利用率不断提高，使得早年设计的道路承载能力降低，需要在设计中着重考虑。

5. 道路隔水性

部分田间道路因其旧有路基多年压实，承载能力较高，可重复利用，增加面层之后，提高了原路面标高，使得道路影响两侧耕地的过水畅通，甚至雨季形成水体淤积，设计时应给予考虑。

以上 5 点是农村道路存在的普遍现象，在规划设计的现场调查、编制图件过程中应考虑多方面的影响。

二、规划设计思路

按照公路工程设计的规范要求，农村田间道路属于四级路，对其标准要求较低，传统意义上对其规划设计只需要满足通行要求即可，细节上没有特别的说明，这样就容易造成设计人员忽视上述几点农村道路的特殊性，使得设计、施工衔接过程中产生很大不调和，最后导致变更发生，甚至对投资造成不必要的浪费。结合多年设计工作经验，总结出一条农村道路设计的工作思路。

1. 以调查、咨询为主的工作思路

因农村土地利用的特殊性、农村居民生活方式的不同等因素，深入设计区域调查和咨询、请教当地村民成为设计初期的关键工作。

2. 结合规范因地制宜的设计思路

道路工程的设计首先应遵循规范的要求，而在设计道路的局部细节应进一步符合当地的情况，比如用工用料、机械使用的要求，路基处理对周边农田的影响，当地村民出行方式的不同都是导致设计成败的因素。

3. 合理有效利用资金的设计思路

因农村土地范围广大、道路使用率较低、投入资金有限等问题，合理地利用资金达到预定的道路使用效能也是完成好设计的重要工作。

三、规划设计方案

根据以上对农村道路特点和规划设计思路的阐述，结合相关规范的要求，一般情况下，田间道路分为起主干道作用的田间道和支线作用的生产路，规范中要求田间道宽度为 3 ～ 6m，生产路为 3m 以下，2m 宽生产路为主，大多采用砂砾石、山皮石为主材。结合上述的一些农村道路特殊性，设计中也曾采用一些特殊情况，比如在处理利用旧路基改建田间道时，如何解决隔水问题，主要采用埋设进地涵管的方式，而新建田间道隔水问题，主要采用开挖路床的方式降低路面标高以方便过水。在部分利用率较高的田间道采用级配砂石做路基、水泥混凝土做面层的水泥田间道，但根据经验，为过车方便，水泥路宽度不得小于 4m，且应设置土路兼以保证路面结构稳定且可留有错车空间，而极特殊情况下要设计 3m 宽水泥路时，应按规范在一定距离内设置错车道，以方便村民出行、运输。

第二节　乡村给水管网工程规划设计

一、给水管网的布置

农村给水管网是由大大小小的给水管道组成的，根据给水管网在整个给水系统中的作用，可将它分为输水管和配水管网两部分。

1. 输水管

从水源到水厂或从水厂到配水管网的管线，因沿线一般不接用户管，主要起转输水量的作用，所以叫输水管。有时，从配水管网接到个别大用水户去的管线，因沿线一般也不接用水管，所以，此管线也叫作输水管。

对输水管线选择与布置的要求如下：

1）应能保证供水不间断，尽量做到线路最短，土石方工程量最小，工程造价低，施工维护方便，少占或不占农田。

2）管线走向，有条件时最好沿现有道路或规划道路敷设。

3）输水管应尽量避免穿越河谷、重要铁路、沼泽、工程地质不良的地段，以及洪水淹没地区。

4）选择线路时，应充分利用地形，优先考虑重力流输水或部分重力流输水。

5）输水管线的条数（即单线或双线），应根据给水系统的重要性、输水量大小、分期建设的安排等因素，全面考虑确定。当允许间断供水或水源不只一个时，一般可以设一条输水管线；当不允许间断供水时，一般应设两条，或者设一条输水管，同时修建有相当容量的安全贮水池，以备输水管线发生故障时供水。

6）当采用两条输水管线时，为避免输水管线因某段损坏而使输水量减少过多，要求在管线之间设连通管相互联系。连通管直径可以与输水管相同或比输水管小20%～30%，以保证在任何一段输水管发生事故时，仍能通过70%的设计流量。连通管的间距可按表4-1选用。在输水管和连通管上装设必要的闸门，以缩小发生事故时的断水范围。当供水可靠性要求较低时，闸门数可以适当减少，闸门应安放在闸门井内。

表4-1　连通管间距要求

输水管长度（km）	<3	3～10	10～20
间距（km）	1.0～1.5	2.0～2.5	3.0～4.0

7）在输水管线的最高点上，一般应安装排气阀（管内无水时，能自动打开；管内有水时，能自动关闭），以便及时排出管内空气，或在输水管放空时引入空气。在输水管线的低洼处，应设置泄水阀及泄水管，泄水管接至河道或地势低洼处。

2. 配水管网

配水管网就是将输水管线送来的水，配给农村用户的管道系统。在配水管网中，各管线所起的作用不相同，因而其管径也就各异，由此可将管线分为干管、分配管（或称配水管）、接户管（或称进户管）3类。

干管的主要作用是输水至各用水地区，同时也为沿线用户供水，其管径均在100mm以上。为简化起见，配水管网的布置和计算，通常只限于干管。

分配管的主要作用是把干管输送来的水，配给接户管和消火栓。此类管线均敷设在每一条街道或工厂车间的前后道路下面，其管径均由消防流量来确定，一般不予计算。为了满足安装消防栓所要求的管径，以免在消防时管线水压下降过多，通常规定分配管的管径分为 3 档：最小采用 75 ～ 100mm；中等采用 100 ～ 150mm；最高采用 150 ～ 200mm。

接户管就是从分配管接到用户去的管线，其管径视用户用水的多少而定。但当较大的工厂有内部给水管网时，此接户管称为接户总管，其管径应根据该厂的用水量来定。一般的民用建筑均用一条接户管；对于供水可靠性要求较高的建筑物，则可采用两条，而且最好由不同的配水管接入，以增加供水的安全可靠性。

配水管网的布置形式，根据规划、用户分布以及用户对用水的安全可靠性的要求程度等，分成为树状网和环状网两种形式。

1）树状网

管网布置呈树状向供水区延伸，管径随所供给用水户的减少而逐渐变小。这种管网管线的总长度较短，构造简单，投资较省。但是，当管线某处发生漏水事故需停水检修时，其后续各管线均要断水，所以供水的安全可靠性差。又因树状网的末端管线，由于用水量的减少，管内水流减缓，用户不用水时，甚至停流，致使水质容易变坏。树状网一般适用于用水安全可靠性要求不高的供水用户，或者规划建设初期先用树状网，这样做可以减少一次投资费用，使工程投产快，有利于逐步发展。

另外，对于街坊内的管网，一般亦多布置成树状，即从邻近的街道下的干管或分配管接入。

2）环状网

管网布置两个封闭环状，当任意一段管线损坏时，可用闸门将它与其余管线隔开进行检修，不影响其余管线的供水，因而断水的地区便大为缩小。另外，环状网还可大大减轻因水锤现象所产生的危害，而在树状管网中则往往因此而使管线受到严重损害。但环状网由于管线总长度大大增加，故造价明显比树状网高。

给水管网的布置既要求安全供水，又要贯彻节约的原则。安全供水和节约投资之间难免会产生矛盾，要安全供水必须采用环状网，而要节约投资最好采用树状网。只有既考虑供水的安全，又尽量以最短的线路敷设管道，方能使矛盾得到统一。所以，在布置管网时，应考虑分期建设的可能，即先按近期规划采用树状网，然后随着用水量的增长，再逐步增设管线构成环状网。实际上，现有城镇的配水管网多数是环状网和树状网相结合，即在城镇中心地区布置成环状网，而在市郊或农村，则以树状网的形式向四周延伸。干管的布置（定线）通常应遵循下列原则：

（1）干管布置的主要方向应按供水主要流向延伸，而供水的流向则取决于最大用水户或水塔等调节性构筑物的位置。

（2）通常为了保证供水可靠，按照主要流向布置几条平行的干管，其间并用连通管连接，这些管线以最短的距离到达用水量大的主要用户。干管间距视供水区的大小，供水情况而不同，一般为 500 ～ 800m。

（3）干管一般按规划道路布置，尽量避免在高级路面或重要道路下敷设。管线在道路下的平面位置和高程应符合农村地下管线综合设计的要求。

（4）干管应尽可能布置在高地，这样可以保证用户附近配水管中有足够的压力和减低干管内压力，以增加管道的安全。

（5）干管的布置应考虑发展和分期建设的要求，并留有余地。

考虑以上原则，干管通常由一系列邻接的环组成，并且较均匀地分布在农村整个供水区域。

二、给水泵站

1. 给水泵站的分类

按照泵站在给水系统中所起的作用，可分为一级泵站、二级泵站、加压泵站和循环泵站等。

1）一级泵站是直接从水源取水，并将水输送到净水构筑物，或者直接输送到配水管网、水塔、水池等构筑物中。

2）二级泵站通常设在净水厂内，自清水池中取净化了的水，加压后通过管网向用户供水。

3）加压泵站用于升高输水管中或管网中的压力，自一段管网或调节水池中吸水压入下一段输水管或管网，以便提高水压来满足用户的需要。

加压泵站通常用于地形高差太大，或水平供水距离太远，而将供水管网划成不同的区而设置的分压或分区给水系统。

4）循环泵站是将处理过的生产排水抽升后，再输入车间加以重复使用。

按照泵站室内地面相对于室外地面的位置，泵站可分为地面式、半地下式和地下式 3 类。

（1）地面式泵站：室内地面不低于室外地面。

（2）半地下式泵站：室内地面低于室外地面，但低于室外地面的距离不超过室内净高的一半。

（3）地下式泵站：室内地面低于室外地面，而且低于室外地面的距离超过室内净高的一半。

2. 给水泵站的组成

泵站主要由设有机组的泵房、吸水井和配电设备 3 部分组成。吸水井的作用是保证水泵有良好的吸水条件；有时也可当作水量调节构筑物。设有机组的泵房，包括吸水管路、管路、控制闸门及计量设备等。低压配电与控制启动设备，一般也设在泵房内。各水管之间的联络管可根据具体情况，设置在室内或室外。配电部分包括高压配电、变压器、低压配电及控制启动设备。变压器可以设在室外，但要采取防护措施。除此之外，还应有起重等附属设备。

选择水泵应根据泵站所需的总扬程 H（m）和泵站供水量 Q（L/s）来确定。确定工作泵的台数，可按用水要求来考虑。假如用水量变化不大，希望选择大泵，因为大泵效率高；若用水量变化较大，最好根据经常出现的几种供水量适当配置泵。在比较重要的或是大型泵站，在泵站正常运行时，同时工作的泵不要少于两台，当一台泵发生故障时，至少有一台仍在运转，供水不致中断。

泵站一般应设备用泵，当允许减少供水量时，可根据具体情况少设或不设备用泵。

考虑到泵站运行中各泵可以互为备用，可按用水量的变化调节水量，选择相同型号的水泵比较好。在农村水厂二级泵站中，往往一台水泵不能满足所需要的输水量，也不能随着水量变化常在高效区域里工作。因此，一个泵站常设几台泵并联工作来适应用水量的变化。

近十几年来，国外给水排水工程中不少应用变速水泵，变速水泵由于改变电动机转速，从而可以在一个水泵机组中改变其流量和扬程。流量的改变与转速的一次方成正比，扬程的改变与转速的二次方成正比。改变转速后也改变了水泵的特性曲线，因此原来常速水泵低流量时的低效率区在降低转速后可以获得高效率。为此，变速水泵既可满足供水曲线的变化，又可减少水泵的供水量，减少贮水量。但是由于目前我国最大变速电动机还限于100kW以下，采用变速水泵受一定限制，因此一个水泵站设几台泵并联工作来适应用水量的变化仍具有现实性。

第三节　乡村排水管网工程规划设计

一、排水现状及分析

旧村排水体制基本为雨污合流排放制，即平常通过村内管道、沟渠收集污水，在下雨时兼顾雨水收集，雨污水经沟渠收集后排入村内鱼塘、农田及自然水体。村民住宅厨房、卫生间、洗涤等污废水排放混乱，新建住宅卫生间污水通过简单的化粪池处理，洗涤、厨房废水未经任何处理直接排放。

旧村污水管网覆盖面积小，建设不合理、不规范，缺少对村民参与的引导，支管接户率较低，建设后无人进行维护和保养，淤堵严重及排水管道因各种原因存在平坡、反坡等现象，排水能力差。污水无法接入先期建设的污水处理设施，导致污水无法有效收集处理，从而影响污水治理工作的效果。

村内沟渠缺乏维护，存在不同程度的淤积，出现水体发黑发臭、富营养化等现象，淤积沟渠易滋生蚊虫，影响农村人居环境及威胁村民的身体健康。

新农村建设过程中村内部分绿地被硬化路面所替代，阻碍了雨水的自然入渗，改变了地表径流渠道，同时部分道路两旁绿地、菜地高于道路，以致绿地、菜地不能发挥调节降雨径流的作用，还增加了道路降雨径流量，导致部分道路积水。

二、排水规划设计原则

1. 与规划相一致

村庄排水整治应与村庄规划相一致，从全局出发，统筹安排，满足村庄规划布局的要求，并与村庄防洪、供水、消防、供电、环保等相关专业规划衔接；同时还应符合国家和湖南省颁布的相关规范、规程、标准和规定。

2. 与乡村相协调

村庄排水整治应在兼顾可操作性与实用性下，以海绵城市、生态文明等理念为指导，遵循乡村特色，发展乡土景观为目标，促进农村可持续发展，加强农村生态建设、提升农村人居环境、建设美丽乡村。

3. 与科技同步

充分考虑未来发展的新技术、新设备、新工艺、新材料对排水工程的影响，提高排水工程的科技含量，以节省资金，提高效率。

4. 近远期相结合

村庄排水整治应近、远期结合，以近期为主，充分兼顾远期。对现有排水系统要尽可能掌握准确、详尽的资料，充分考虑现状，尽量利用和发挥原有排水设施的作用，使新规划的排水系统与原有排水系统有机结合。

5. 投资与运行

布置排水系统，应制定合理的排水制度，做到节约能源。雨水采用高水高排，低水低排，充分利用保留水体的调蓄作用，在保证污水收集的同时，优化管径和埋深，尽量不设或少设污水提升泵站，减少管网投资和运行成本。因地制宜根据客观实际，在保证排水设施运行可靠的前提下，尽量采用节省工程投资、节省用地、节省能源、降低运行成本的规划方案。

三、排水规划设计

村庄排水整治应根据村庄现状排水体制、地形地貌、规划平面布局采用适宜的模式。

1. 沟渠结合分散污水处理系统规划模式。若干户村民雨污水就近收集处理，分散排放，适用于人口密度小、居住分散、地形复杂的村庄。

2. 管渠结合排水处理设施规划模式。村内雨污水通过管道收集，采用分流制、合流制、截流制将雨水进行多点分散排放，村庄的污水集中收集处理排放，适用于人口规模大、居住集中、地势平缓的村庄。

3. 管道结合市政排水管道规划模式。村内雨污水通过管道收集，采用分流制、合流制集中排入市政排水管道中，适用于距城镇较近，易于市政管网收集的城中村、城郊村。

综合考虑村庄现状，在尊重村民意愿的基础上，排水规划建议采用雨污分流体制。污水管网根据地形地势采用分区分片引至污水处理设施集中处理方式。雨水沟渠通过生态明沟、暗沟相结合，采用海绵城市理念在广场、游道使用透水性铺装，利用浅凹绿地做植草沟，减少雨水径流，同时引入人工水系达到解决村内雨水排放和提升村庄景观效果的目的。

四、污水工程规划设计

1. 污水量

农村生活污水量与用水量息息相关，生活用水量因气候特点、生活习惯、经济条件等因素有不同差异。

2. 污水管网

根据现状地形地势分析和村庄规划布局，将污水管网可划分为片区化布置。各排水分区内主干管布置在主巷道下；在建筑密集、巷道狭窄设置接户支管；村民住宅出户管连接支管，支管连接主管。

管道管材污水管选用 HDPE 排水管，小于等于 DN200 污水管选用 PVC-U 排水管。为减小开挖沟槽断面，提高施工进度，延长使用寿命，节约综合成本，防止污水渗漏，排水检查井采用成品塑料检查井，达到节地、节能、节水、节材、环保的效果。

管道排水坡度不小于 5%，管网铺设深度均不超过 1.6m，为避免施工过程中出现塌方，需尽量减小管网埋深，便于管道的施工。

3. 污水处理

污水处理工艺的选择应结合进水水质和环保部门对出水水质的要求，采用适宜的工艺。所选工艺应尽量具有工艺简单、投资省、能耗低、管理易、效果好、运行成本低的特点。

村民住宅所有污废水均接出户管至化粪池后再接支管至污水主管网，确保所有污废水均进入污水管网。综合考虑用地情况，化粪池采用单户与联户型玻璃钢成品化粪池，化粪池容积选用参考：1 户为 2m³，2 ～ 4 户为 4m³，5 ～ 8 户为 6m³。

人工湿地是通过人工设计、改造而成的半生态型污水处理系统，通过水生植物的作用来实现污水的处理，处理后将水排放至水体。优点是投资少、管理方便、能耗少，水生植物可美化环境，可融入乡村生态环境。缺点是处理效果受季节影响，氮磷去除效果不稳定，占地面积大。

五、雨水及景观水系工程规划设计

1. 雨水工程规划设计

雨水排水原则为充分利用已有沟渠、水面的蓄水功能，采用高水高排、低水低排、多点分散排放原则。提倡采用透水地面、渗水植被和明沟收集雨水，保持土壤湿润，满足地下蓄水功能，而后分散多点就近排入水体，达到节能减排目的。

根据现状地形地势分析、村庄规划布局，将现有沟渠清淤疏通，保留疏通现有沟渠涵洞，部分根据需要设置为盖板暗沟，现有积水点均增设排水沟，保证场地不积水，雨水沟需保证最小排水坡度，基本完善排水沟渠体系。

2. 景观水系工程规划

村庄水系是与村庄生产生活息息相关的水以及承载水的环境的总的构成，包括水井、溪流、沟渠等以及用于承载水的周围环境。

明沟、明渠因地制宜地进行生态化、景观化处理，道路、铺装边为空地、田地、绿地的排水边沟采用生态植草沟，即道路、铺装雨水通过有植被的浅沟收集排放；道路边为立缘石的排水沟采用景观化的石材浅沟收集排放雨水；建筑明沟及巷道内沟渠采用本地石材堆砌，穿村水系根据现场实际情况确定水系宽度、水位、水量，采用卵石堆砌的自然驳岸并种植乡土植物，同时根据需要设置亲水台阶、小桥等小品景观。

利用本地材料、工艺营造出充满生活气息的、有本土特色的乡土水景观，初步形成小桥流水人家的景观效果，提升村庄环境品质。

第四节　乡村电力工程规划设计

农村电网的规划建设是整个电网规划建设工作中至关重要的一部分，可以看作是整个区城电网建设的短板，如果农村电网规划建设中的问题能够得到有效解决，那么对于整个区城电网规划建设来说是非常有意义的。但是农村经济制约等多方面的因素，农村的电网规划建设存在着诸多问题，必须提出有效的解决措施才能够缓解这种现象。

一、农网电网现状问题分析

1. 使用时间过长

在农村现有的电网中，大部分是 10kV 农村电网，这些电网的布线一般使用年限都已经很长，不可避免地会出现老化问题，从而导致整个电网的网线强度降低，不再能满足农村的用电需求，也会很容易在输送电的过程中出现问题。

2. 电网线路规划问题

在农村的10kV电网进行布线的过程中，由于进行布线的时间较为久远，人们在布线之前并没有对电网线路进行合理规划，所以导致现在农村电网的接线复杂，很容易出现各种电线缠绕在一起的问题，影响用电过程的安全。

3. 防雷接地设计不合理

在农村电网的布设过程中，施工人员并没有对防雷以及接地进行合理的规划设计，所以就导致现有的10kV农村电网，在雷雨天气很容易出现跳闸现象，严重影响用户用电感受，还会影响用电安全。

4. 设计中没有充分考虑环境因素

在进行农村电网的铺设中，需要对不同区域进行不同的规划，但是大多数的农村电网并没有依照环境，对于电网建设进行科学合理的规划，所以就很容易导致电网容易受到环境影响，出现短路等现象。

5. 电网分布分析片面，用电量和负荷量分析不准确

电网分布现状分析是进行电网规划建设的前提和重要决定因素之一，尤其是农村电网分布没有规律，地区差异性较大，如果对农村电网分布没有一个明确的认识和判断，就无法对其进行正确的规划建设。而在对用电量和用电负荷量的分析中也存在着不准确的现象。用电量和负荷量的分析对于农村电网规划建设来说也是非常重要的，如果没有对这两个量有一个明确的认识，那么就很容易导致在用电过程中出现问题。

二、农村低压电网规划设计要点

1. 农村用电量分析

用电量问题是农村低压电网规划设计过程中所要考虑的重点。一方面用电量决定电网配置，避免供过于求而造成资源浪费或者供不应求造成用户用电困难的情况发生；另一方面有利于电网的维护管理工作顺利开展。做好农村电量使用分析，可以在电网改造中对电力的输入、电杆的分布做好预算，可在实施过程中减少人力物力的浪费，有利于提高电力企业的经济效益。

2. 选择合适的变压器

就变压器的容量而言，过大或过小都会对变压器造成一定的影响，若容量过大，则徒增消耗；如若容量太小，则易损坏设备，故要选择容量适中的变压器，具体的容量选择要根据变电所的具体情况来设定。就变压器型号而言，其决定输出功率的大小，

若变压器的型号与配电系统不匹配，很有可能导致输出功率过大，大幅度增加线路损耗，降低供电效率。如果输出功率过小，电网运行稳定性难以得到保障，影响供电安全。所以在变压器型号选择方面一定要十分谨慎，对线路输出功率需求做出准确的预判，进而选择出最为合适的变压器，更好地服务于农村电网。就变电器的台数而言，应根据负荷的特点和经济运行进行选择，要由负荷大小、对供电的可靠性和电能质量的要求来决定，维护设备等因素，确定变压器台数应综合考虑，进行认真的技术经济比较。按负荷的等级和大小来说，对于带一、二级负荷的变电所，当一、二级负荷较多时，应选两台或两台以上变压器，如只有少量的一、二级负荷并能从相邻的变电所取得低压备用电源，可以只采用 1 台变压器。

3. 选择最佳的接户线以及电能表

一般来说，农村电网中都采用 BVV 铜芯导线作为接户线，除此之外，还必须结合居民人口数量来确立接户线线路的横截面面积，从而确保三相负荷处于平衡状态。对于电能表来说，一般使用一表一户的形式。只有结合实际用电状况确定最佳的接户线以及电能表，才可以最大程度上减少用电事故的出现，增加电力网络的稳定性以及安全性。

4. 简化电压的等级

电压电网的格局一般为放射状，大多使用单向供电的形式，在规模较小的乡镇或者人口较多的农村很难确保安全的间隔距离，所以，必须加大配变容量，除此之外，还必须加入环网设计以及开环运行的方法。只有这样，才能确保供电的稳定性以及安全性与增加电力网络的供电能力。与此同时，还能够在间隔较短的两个配电变压器中间加入一个接电箱，使得负荷的调整工作更加方便。

5. 输电线路的设计

在进行电网改造前，首先要做到的是调查农村每年实用电量和用户的分布，另外有些农村山路崎岖，在线路上和地形上要做好勘察，在实施之前做好电网分布图，做好各项预算，这样在实施时可以减少人力物力的浪费。还有作为第三次电网改造，对于以前的电杆应该采取线路优化，尽量减少在人力物力上不必要的浪费。

6. 科学选择农村电网安全的保护形式

在对农村电网实施的过程中，必须科学选择农村电网安全的保护形式，确保用电的安全性。所以，一定要在广大群众中大力科普“中性线属于带电体”的观念，以免类似悲剧频繁发生。随着人们生活水平的不断增加，人们对于电力的依赖也逐渐增加，从而间接增加了电压电网中的用电负荷，极易发生停电事故。一旦低压线路断电之后，电动机在惯性转动以及励磁的作用下转变为发电机，从而对输电线路发电，使得中性线带电。

第五节　乡村电信工程规划设计

乡村电信工程包括电信系统、广播和有线电视及宽带系统等。电信工程规划作为美丽乡村总体规划的组成部分，由当地电信、广播、有线电视和规划部门共同负责编制。

一、通信线路布置规划设计

电信系统的通信线路可分为无线和有线两类，无线通信主要采用电磁波的形式传播，有线通信由电缆线路和光缆线路传输。通信电缆线路的布置原则为：

1. 电缆线路应符合乡村远期发展总体规划，尽量使电缆线路与城市建设相一致，使电缆线路长期安全稳定地使用。

2. 电缆线路应尽量短直，以节省线路工程造价，并应选择在比较永久性的道路上敷设。

3. 主干电缆线路的走向，应尽量和配线电缆的走向一致、互相衔接，应在用户密度大的地区通过，以便引上和分线供线。在多电信部门制的电缆网路的设计时，用户主干电缆应与局部中继电缆线路一并考虑，使线路网有机地结合，做到技术先进，经济合理。

4. 重要的主干电缆和中继电缆宜采用迂回路线，构成环形网络以保证通信安全。环形网络的构成可以采取不同的线路，但在设计时，应根据具体条件和可能，在工程中一次形成；也允许另一线路网的整体性和系统性在以后的扩建工程中逐渐形成。

5. 对于扩建和改建工程，电缆线路的选定应首先考虑合理地利用原有线路设备，尽量减少不必要的拆移而使线路设备受损。如果原电缆线路不足时，宜增设新的电缆线路。

电缆线路的选择应注意线路布置的美观性。如在同一电缆线路上，应尽量避免敷设多条小对数电缆。

6. 注意线路的安全和隐蔽，应避开不良的地质环境地段，防止复杂的地下情况或有化学腐蚀性的土壤对线路的影响，防止地面塌陷、土体滑坡、水浸对线路的损坏。

7. 为便于线路的敷设和维护，应避开与有线广播和电力线的相互干扰，协调好与其他地上、地下管线的关系，以及保证与建筑物间最小间距的要求。

8. 应适当考虑未来可能的调整、扩建和割接的方便，留有必要的发展变化余地。但在下列地段，通信电缆不宜穿越和敷设：今后预留发展用地或规划未定的地区；电缆长距离与其他地下管线平行敷设，且间距过近，或地下管线和设备复杂，经常有挖掘修理易使电缆受损的地区；有可能使电缆遭受到各种腐蚀或破坏的不良土质、不良地质、不良空气和不良水文条件的地区，或靠近易燃、易爆场所的地带；还有如果采用架空电缆，会严重影响乡村中主要公共建筑的立面美观或妨碍绿化的地段；可能建设或已建成的快车道、主要道路或高级道路的下面。

二、广播电视系统规划设计

广播电视系统是语音广播和电视图像传播的总称，是现代乡村广泛使用的信息传播工具，对传播信息、丰富广大居民的精神文化生活起着十分重要的作用。广播电视系统分有线和无线两类。尽管无线广播已逐渐取代原来在乡村中占主导地位的有线广播，但为了提高收视质量，有线电视和数字电视正在现代城镇和乡村逐步普及，已成为乡村居民获得高质量电视信号的主要途径。

有线电视与有线电话同属弱电系统，其线路布置的原则和要求与电信线路基本相同，所以在规划时，可参考电信线路的设置与布局。

此外，随着计算机互联网的迅猛发展，网络给当代社会和经济生活带来巨大的变化。虽然目前计算机网络在乡村尚不普及，但随着网络技术和宽带网络设施的不断完善，计算机网络在乡村各行各业和日常生活中的应用将日新月异。这就要求在编制乡村电信规划时，应对网络的发展给予足够重视并留有充分的空间余地。

第六节　乡村燃气规划设计

实现民用燃料气体化是乡村现代化的重要标志，西气东输工程的全线贯通，为实现这一目标奠定了物质基础。

乡村燃气供应系统是供应乡村居民生活、公共福利事业和部分生产使用燃气的工程设施，是乡村公用事业的一部分，是美丽乡村建设的一项重要基础设施。

一、燃气厂的厂址选择

选择厂址，一方面要从乡村的总体规划和气源的合理布局出发，另一方面也要从有利生产生活、保护环境和方便运输着眼。

气源厂址的确定，必须征得当地规划部门、土地管理部门、环境保护部门、建设主管部门的同意和批准，并尽量利用非耕地或低产田。

在满足环境保护和安全防火要求的条件下，气源厂应尽量靠近燃气的负荷中心，靠近铁路、公路或水路运输方便的地方。

厂址必须符合建筑防火规范的有关规定，应位于乡村的下风方向，标高应高出历年最高洪水位 0.5m 以上，土壤的耐压一般不低于 $15t/m^2$，并应避开油库、桥梁、铁路枢纽站等重要战略目标，尽量选在运输、动力、机修等方面有协作可能的地区。

为了减少污染，保护乡村环境，应留出必要的卫生防护地带。

二、燃气管网的布置

燃气管网的作用是安全可靠地供给各类用户具有正常压力、足够数量的燃气。布置燃气管网时，首先应满足使用上的要求，同时又要尽量缩短线路长度，尽可能地节省投资。

乡村中的燃气管道多为地下敷设。所谓燃气管网的布置，是指在乡村燃气管网系统原则上选定之后，决定各个管段的位置。

燃气管网的布置应根据全面规划，远、近期结合，以近期为主的原则，做出分期建设的科学安排。对于扩建或改建燃气管网的乡村则应从实际出发，充分发挥原有管道的作用。燃气管网的布置应按压力从高到低的顺序进行，同时还应考虑下列问题：

燃气干管的位置应靠近大型用户。为保证燃气供应的可靠性，主要干线应逐步连成环状。

管道的埋设方法采用直埋敷设。但在敷设时，应尽量避开乡村的主要交通干道和繁华的街道，以免给施工和运行管理带来困难。

低压燃气干管最好在小区内部的道路下敷设，这样既可保证管道两侧均能供气，又可减少主要干道的管线位置占地。

燃气管道应尽量少穿公路、铁路、沟道和其他大型构筑物。单根的输气管线如采取安全措施，并经主管部门同意，允许穿越铁路或公路。其管线中心线与铁路或公路中心线交角一般不得大于60°，并应尽量减少穿越处管段的环形焊口。当穿越铁路地段的车站时，其穿越位置一般应位于车站进站信号机以外。当穿越铁路的钢管为有缝钢管时，管子必须逐根进行试压，经检查合格后方能使用。

燃气管道穿越河流或大型渠道时，可随桥架设，也可采用倒虹吸管由河底或渠道通过。如不随桥设置或用倒虹吸管时，可设置管桥架设。具体采用何种方式应与乡村规划、消防等部门根据安全、市容、经济等条件统筹考虑决定。但是，对输气管公称压力 $P \geqslant 1.6$MPa 的管线，不得架设在各级公路和铁路桥梁上。对于 $P<1.6$MPa 的管线，如果采取了加强和防振等安全措施，并经主管部门同意后，可允许敷设在县级以下公路的非木质桥梁上。但是，桥上管段的全部环形焊口应经无损探伤检查合格。

燃气管道不准敷设在建筑物的下面，不准与其他管线平行地上下重叠，并禁止在高压电线走廊、动力和照明电缆沟道、各类机械化设备和成品、半成品堆放场地、易燃易爆和具有腐蚀性液体的堆放场地敷设燃气管道。输气干线不得与电力、电信电缆及其他管线敷设在铁路或省级以上公路的同一涵洞内，也不得与电力、电信电缆和其他管线敷设在同一管沟内。

管线建成后，在其中心线两侧各5m划为输气管线防护地带。在防护地带内，严禁种植树木、竹子、芦蒿、芭茅以及其他深根作物，严禁修建任何建筑物、构筑物、打谷场、晒坝、饲养场等，严禁采石、取土和建筑安装工作。对于水下穿越的输气管线，其防护地带应加宽至管中心线两侧各150m。在该区域内严禁设置码头、抛锚、炸鱼、挖泥、掏砂、拣石以及疏浚、加深等工作。

输气管与埋地电力、电信电缆交叉时，其相互间的交叉垂直净距不应小于0.5m；与其他管线交叉垂直净距不应小于0.2m。

第七节 乡村环卫工程规划设计

农村环境卫生整治是重要的民生问题，事关农业的可持续发展、农民的切身利益、农村的和谐稳定。国务院于2011年12月15日下发了《国务院关于印发国家环境保护“十二五”规划的通知》，通知中申明了保护环境是我国的基本国策，着重强调了提高农村环境保护工作水平，其中涉及保障农村饮用水安全，提高农村生活污水和垃圾处理水平，提高农村种植、养殖业污染防治水平以及改善重点区域农村环境质量。从通知中可以看出农村环境卫生整治是社会主义新农村建设的重要内容，也是统筹城乡发展的必然要求，对于改善农民居住环境，提高生活质量，提升健康水平有着十分重要的意义。

一、目前农村环境卫生存在的主要问题

目前，农药、化肥和除草剂在农业生产上的使用，农业废弃物的任意排放，乡镇企业粗放型生产经营方式是农村环境污染的主要污染源点，造成水质变坏、土壤污染、大气浑浊恶臭，直接影响农业产品的品质，危害农业生产，且易传染疾病，影响居民健康。畜禽养殖污染面广且量大，污染严重；化肥、农药施用强度高，流失量大，化肥、农药和农膜的使用，使耕地和地下水受到了大面积污染；农村生活污水污染严重，生活垃圾处置系统亟待完善；塑料农膜使用增加，污染加剧；乡镇企业布局不当，工业“三废”污染严重影响乡村自然经济的发展。

1. 农村垃圾呈现杂乱多的现象

农村垃圾主要包括村民生产、生活垃圾，牲畜粪便，柴草秸秆，建筑工程垃圾，其所含成分复杂，数量巨大。这些垃圾破坏了农村的生态环境，威胁着人们的身体健康。只要到农村走一走，就不难发现一堆又一堆散发着恶臭的垃圾长期堆积在地，严重污染人们的生存环境。大片生活垃圾暴露堆放，既污染水源，又有碍村容整洁。这些垃圾和污水，很大部分经风吹或雨水冲刷，最终污染了塘河，严重影响人们的身体健康。

2. 河流污染存在日趋严重的趋势

在农村的水网地带，很难找到几条没有被污染、水流清澈的河流。主要表现在：企业直接排放工业废水引起水质严重恶化；陈旧陋习导致河道污染，由于人们对水环

境的观念淡薄，河道成为人们心目中天然的垃圾箱；河道泥砂沉淀淤积严重、河道综合功能日益退化，许多河面已经是淤泥长年露底可见，百多米宽的河面仅显出一条很窄的流水道，以往成群的鱼、鸭等早已无踪影。

3. 大气污染破坏程度日益加大

随着经济的发展，大气污染越发影响着人们的健康，但较其他污染治理而言，人们似乎对此又束手无策。主要表现在一些设在农村里的工厂废气、汽车尾气、餐饮服务业等上，特别是皮革行业锅炉燃烧，它们配套的除尘脱硫设施比较落后，有的根本没有除尘设施，甚至有的企业使用皮革废角料、废木料做燃料，致使锅炉冒黑烟现象十分普遍，使得周边的大气环境受到污染。

4. 畜禽养殖业生态污染加重

我国农村几乎每家每户都散养着猪、鸡、鸭等，由于养殖的分散性和特殊性，点多面广，难以集中治理，畜禽养殖业污染日益加重，畜禽养殖业污水、粪便产生的污染物大多数得不到有效处理，往往随意堆放于道路两旁、田边地头、水塘沟渠或直接排放到河渠等水体中，仅少数作为农业生产有机肥源利用，大量有机污染物进入池塘和沟渠，造成水体的富营养化。

二、以人为本地规划我国村镇环境卫生

建设我国社会主义新农村，不能够走城市化的发展路线，要从一开始就建设好农村的生态环境，不再走先污染求发展，再治理求生存的老路，要尽量避免新农村的环境被污染，因为建设新农村的核心理念就是生存发展、生产富裕等和谐的目标。

1. 环境规划以人民需求为基础

为了更好地建设社会主义新农村，应该首先改善我国居民的生活条件，为我国农村居民提供良好的生活环境，为我国新农村建设规划做出贡献，因而必须采纳农民的意见，坚持建设符合本地特色的新农村建设规划，但是建设新农村和建设城市不同，建设农村更倾向于公众活动，以建设农村来改善农村的面貌，改善农村的生产和人居环境，促进农村的社会发展。

2. 妥善规划用地优化农村布局

土地是农村生产的重要因素，是建设新农村的基础，中国南方地区人多地少，土地使用的矛盾突出，所以建设新农村必须要考虑到土地使用价值，以此来提高我国新农村的建设问题，提高农村土地的利用率。根据本地农户的多寡和本地农民从业的基本情况来规划农村的基本建设工程。优化本地布局，实现土地的有效利用。

3. 提高人民生活质量

村庄不仅仅是农民生活的重要场所，还是农民实现自身事业的重要场所，因而村

庄在建设规划的时候一定要考虑到农民的实际需求，让农村的道路比例系统和农村的绿化体系，公共服务设施以及公共管理工程相结合，达到我国社会经济体制和生态效益体制高度集中和统一，让规划后的农村生活条件更加符合我国农村的发展。

4. 建设符合我国新农村特色的村镇模式

我国南部农村分布广，多数村庄之间的实际情况不同，新农村在建设时要充分地考虑到这一点，在设计模式中应考虑到该地的特色，根据当地的产业特点和发展水平来规划社会条件和交通情况，以此来制定新农村的建设，避免建设的片面性。

三、我国新农村环境卫生布局规划设计

1. 公共设施规划布局

公共设施的布局应该尽可能地合理，以此来美化环境，以承载我国新农村建设中的人文主义思想。

2. 公共设施建设原则

公共设施建设要和新农村用地布局相互协调，公共设施的密度要和村镇人口密度保持一致，保证公共设施和本地村民的需求保持一致。

3. 公共设施施工措施

这里主要以沼气池为例进行介绍，我国新农村的主要发展项目是农业，适当发展我国新农村沼气池制作有机肥料，不仅能为农村提供肥料，也能处理好本地的卫生问题。沼气池应相邻畜圈和厕所就近设置，选择土质较好的场地建造基础，避开地下水和软弱基础。在山地丘陵地区受地形影响，可采用分散家用式沼气池；平原地区可以设置集中型沼气池，为新农村建设提供保障，但是要注意，公厕的服务应该尽量控制在直径600m的范围内，面积10m²以上。

四、新农村垃圾站建设规划布局

1. 新农村垃圾站规划布局设计原则

建设新农村的另外一点则是要注意我国垃圾场的设计，保证我国农村地区的生活垃圾场的处理模式，同时要保障农村垃圾处理厂的分布，农村地区的垃圾多以生活垃圾为主，因为人口相对少，所以在新农村的建设过程中要使用“分类收集—村集中—镇转运”，设置垃圾站点应该要和农村的人员建设规划一致，当农村能够集中收集到分类标准后，在进行分区垃圾场地处理的建设和规划。

2. 新农村垃圾回收站布局设计

新农村的垃圾回收站的布局应该符合我国农村的战略目标布局，从量变到质变，将填埋式的垃圾处理厂变为压缩回收垃圾处理场，提高当地垃圾处理的能力，合理地

规划当地垃圾站布局。

3. 新农村垃圾站的数量控制

垃圾站的选址最好选择靠近新农村生活区的地方，要求当地的交通便利，同时有足够的场地可以建立垃圾处理站，垃圾收集点的规划要通过不断的探索才能趋于完善，而新农村的升级和改造更要依托于升级垃圾站来实现。

1）基础设施升级。农村的用地多以农业为主，同时大量的垃圾回收站也会对周围的环境造成影响，因此帮助我国企业将露天的垃圾回收站点升级为可回收和压缩的垃圾回收站势在必行。

2）基础设施扩建。垃圾站和公厕的服务直径最好控制在方圆 600m 内，因为农村的用地资源少，规划好后还要根据当地的情况进行调整，规划新型垃圾站，提高公共服务设施的服务范围，为后续的发展提供相对应的发展空间，公共设施的总体布局水平要和我国后续建设内容相结合，并且保留好相对应的发展空间，满足后期建设的需求。

4. 提高新农村垃圾站综合处理能力

新农村的建设垃圾处理厂应该要根据新农村的情况调整，因为新农村的垃圾主要以生活垃圾为主，所以在处理垃圾的时候要彻底地改变过去农村落后的垃圾分类模式，创造出属于未来的垃圾站处理规划模式，帮助新农村实现村镇垃圾填埋和综合处理的能力，改变过去选址困难的问题，为了更好的为我国农民服务，建设人文氛围浓厚的新型农村，为我国村镇管理提供相应的灵活性和机动性，提高新农村垃圾站的综合处理能力显得尤为重要。

第八节　传统建筑物保护规划

地域特色鲜明、乡土气息浓郁、建筑技术精湛的乡村古建筑，是我国悠久历史和灿烂文化的物质见证，是千年农业文明的缩影。开展美丽乡村创建活动，应做好这些乡村古建筑遗产的保护工作。创建中对乡村古建筑物进行保护规划，要遵循如下原则：

1. 人与自然和谐的原则。在美丽乡村建设中要避免破坏古建筑的生态环境。同时，要使古建筑的整体格局和当地有形或无形的传统文化相协调，给人古朴自然和谐的感觉。

2. 尊重历史的完整性和真实性原则。无论是古建筑、道路、桥梁、水系、街道的维修要修旧如旧，充分显现古建筑原来的面貌，还要处理好古建筑与现代民宅的矛盾。

3. 保护与利用相统一的原则。保护是为了永续利用。古建筑的保护主要面向可持续发展的旅游业，要能接待国内外游人观光，所以起点要高，文化品位也要高。

4. 统筹规划与因地制宜相结合的原则。古建筑的保护和利用要与村镇规划相结合，统筹考虑，在不破坏古建筑原貌的情况下，因地制宜，采取不同措施，使保护工作与美丽乡村的发展相互协调，相得益彰。

5. 合理整合资源的原则。对那些濒危的古建筑、桥梁、水系、街道和濒临消亡的乡风民俗、传统工艺、传统文化、民间艺术等要采取有力措施，抓紧时间，给予"抢救式"保护；对那些相对集中或较为分散的资源要分别采取不同方法和措施加以保护。

第九节 乡村基础设施规划设计实例：秋石路延伸工程丁山河村拆迁农居安置点市政配套工程

一、总平面布置规划设计

该项目总平面图、日照分析图参见图 4-1、图 4-2。

1. 规划结构

总图布置体现整体性和均好性。规划结构可以概括为"一中心二水塘多院落"。

"一中心"是指结合主入口广场及公共配套用房展开的主景观带，从主要入口一直延伸到地块中心的滨水景观，沿着这条景观带构成了整个小区居民中心公共活动空间。

"二水塘"是指区块内保留下来的两个水塘景观带，沿着这两条景观带形成了居民的公共带形活动空间。

"多院落"是指从小区的整体结构层面上通过景观带和主环路，将整个小区在片的基础上又能系统地划分出若干独立组团院落。

整个小区的户型布局以体现同类型的均好性为原则，双拼及部分多拼户型布置于组团院落中，增强院落的围合感与整体性，独栋户型布置于景观较好的滨水区域，形成一定的层次感。公共配套用房结合入口广场及公共水域布置，形成居住区主要的中心景观带。

2. 规划特点

总体规划结构上体现了三大特点：布局围合有序、突出中心景观、强化组团空间。

总体布局上采用"杭派民居"组团院落式的空间布局原则，充分考虑建筑和景观的融合，保证中心院落的品质及各组团景观的独特性。

1）行进的乐趣——主入口广场及组团院落景观

地块南侧公建结合入口广场及公共水域布置，形成对景的主入口空间。与内部景观空间之间形成自然的过渡体系，内部的庭院将自然、空间的收放变化与景观小品结合，使院落空间充满层次感。

2）辐射网络——景观渗透进每个角落

主体景观带同各组团之间景观及组团院落景观形成网络体系，以主景观带作为辐射源，让景观渗透进每个组团院落，从而使所有住户都能感受到多层次景观带来的丰富景色。

图 4-1　丁山河村拆迁农居安置点市政配套工程总平面图

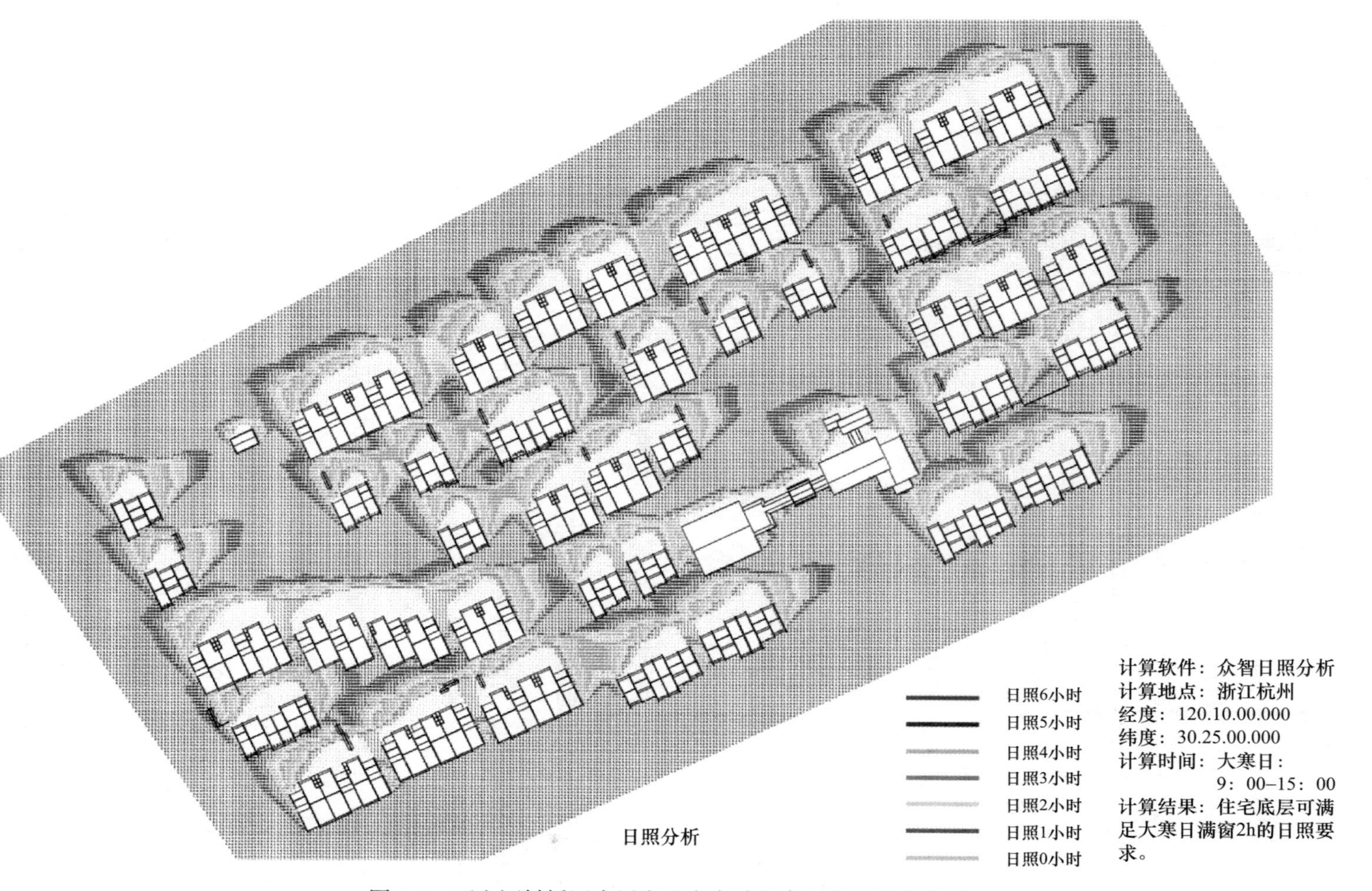

图 4-2　丁山河村拆迁农居安置点市政配套工程日照分析图

3）内外呼应——景观带和城市绿化景观相互融合

主景观网络体系通过往南和往西延伸的景观轴与城市道路绿化景观相互呼应，达到了内外景观的自然渗透与巧妙融合。

4）变化的统一——丰富的视觉效果

整个小区在设计和营造的过程中，着力进行视觉上的控制，对多种可能性进行详尽考虑。通过对“杭派民居”建筑元素的提取，同时建筑形体的变化，使得每个面、每个角度、每个房子，几栋建筑以及几组景观组团空间的感官变化，都有不一样的视觉效果，并且整体又能呈现出水乡特色的建筑风格。

5）人车分流——为居住者创造静谧的活动空间

通过组团庭院式的布局，使小区住宅组团内人行，组团外车行，尽量减少车辆对居住内部环境的影响，让生活其中的人感受的是一份恬静和舒适。

3. 功能布置（图 4-3）

地块内所有住宅均为南偏东方向布置，与地块南侧的村道张柴线平行。每户住宅的占地面积为 125m^2，层数为三层，设计住宅 80 户，总建筑面积为 31388.14m^2。

公共活动用房的主要功能为文化大礼堂，即集区域内村民休闲、健身、集会为一体。此外，地块内还设有社区物业管理服务、室外公共健身设施、独立公共厕所、垃圾回收站等，布置于相应地点。地块内公共停车场主要布置于居住区主入口广场处以及主环路的周边。

二、道路及交通组织规划设计

该项目道路及交通组织规划设计参见图 4-4 ～图 4-6。

该拆迁安置房地块的出入口布置、停车系统设置、车流组织、步行组织均采用下面的方式。

住宅区内主干道采用 7m 宽的道路，次干道采用 4m 宽的道路，组团院落内部为人行道路，宽 2 ～ 3m，有效地实现人车分流，体现人性化。

出入口布置：地块的出入口设置遵循地块特点，分别于南侧、西侧两个方向布置。

小区规划设计在南侧设置开放的入口广场，配合公共设施用房形成良好的视觉形象，并有效组织交通；在西侧结合村道设置次入口；在北侧通过两座文化桥与北面二期地块衔接。

停车系统设置：小区内住宅停车主要通过每户宅内停车库来解决，外来车辆配套停车主要由入口南侧广场以及沿主环路的地面停车位合理布置来解决。

车行流线组织：车辆通过各个出入口进入小区后，可直接通过靠近住宅的环路进入每户宅内停车，也可停放于小区入口广场以及主干道周边的临时停车位。

图 4-3　丁山河村拆迁农居安置点市政配套工程功能分析图

功能布置

地块内所有住宅均为南偏东方向布置，与地块南侧的村道张柴线平行。每户住宅的占地面积约为125 m²，层数为三层，设计住宅80户，住宅总建筑面积为30033.5 m²。

整个居住区的户型布局以体现“杭派民居”院落式的空间布局为原则，独栋、双拼及多拼多种户型形成一定的层次感。

此外，地块内还设有配套用房，室外公共健身设施，独立公共厕所、垃圾回收点等，布置于相应地点。地块内公共停车场主要布置于居住区主入口广场处以及主环路的周边。

道路：地块西侧为规划秋石路在建，南侧为张柴线，东侧为规划道路。
住宅区内主干道采用7m的道路，次干道采用4m的道路，组团院落内部为人行道路，2~3m，有效地实现人车分流，体现人性化。

图 4–4　丁山河村拆迁农居安置点市政配套工程交通分析图（一）

道路：地块西侧为规划秋石路在建，南侧为张柴线，东侧为规划道路。
住宅区内主干道采用7m的道路，次干道采用4m的道路，组团院落内部为人行道路，2~3m，有效地实现人车分流，体现人性化。

图 4–5　丁山河村拆迁农居安置点市政配套工程交通分析图（二）

步行流线组织：大量机动车通过小区主次环路进入宅内或停放于公共停车位，不对住宅组团院落内的环境产生影响。组团院落内将采用人流慢行系统，较好地组织人车分流，增强居住区生活的安全性，体现人性化的设计理念。

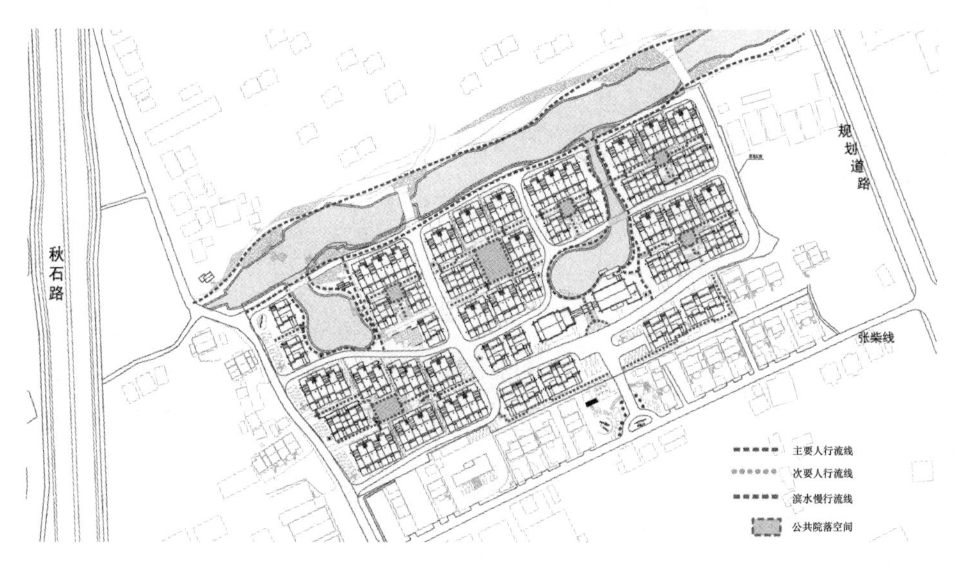

步行流线组织：组团院落内将采用人流慢行系统，较好地组织人车分流，增强居住区生活的安全性，体现人性化的设计理念。大量机动车通过小区主次环路进入宅内或停放于公共停车位，不对住宅组团院落内的环境产生影响。

图 4–6　丁山河村拆迁农居安置点市政配套工程交通分析图（三）

三、竖向布置规划设计

该项目竖向布置分析参见图 4-7。

本工程设计标高 ±0.000，相当于黄海高程 4.200m。场地内雨水拟采用有组织排水，利用雨水管排向市政雨水管道。

整个小区的住宅采用 3 层的高度设置，公共配套用房为 1 ～ 3 层设置。

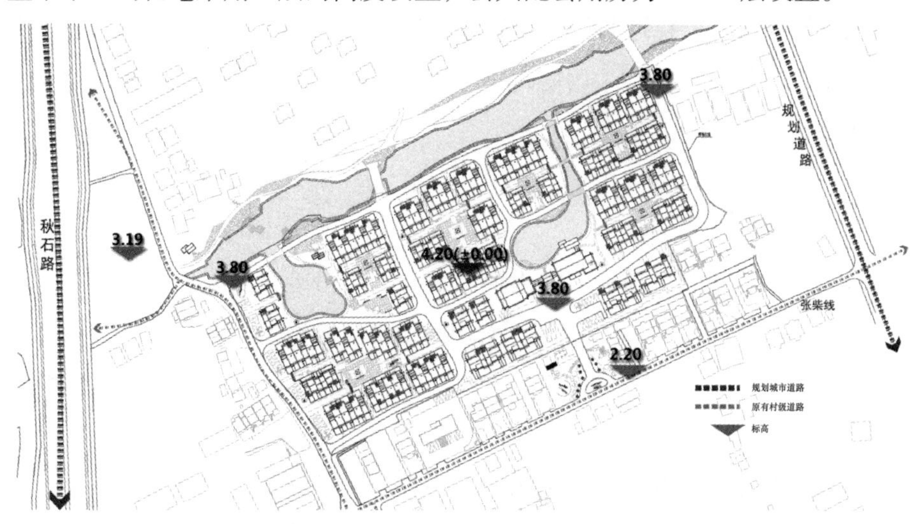

竖向设计：根据提供的地形，并结合防洪水位3.70m，建筑室内±0.00地坪标高暂定为黄海高程4.20m，室外地面标高暂定为黄海高程3.80m。

图 4–7　丁山河村拆迁农居安置点市政配套工程竖向分析图

四、给水规划设计

1. 水源

设计采用市政自来水作为本工程的生活用水、消防供水水源。

2. 用水量

总户数：80；总人数：280 人；用水量计算，详见表 4-2。

表 4-2　用水量计算表

名 称	估计数量	用水标准	用水时间（h）	最高日用水量（m^3/d）	最大时用水量（m^3/h）	小时变化系数
配套公建	$1372m^2$	$6L/m^2$	12	8.2	1.0	1.5
住 宅	280 人	250L/（人・日）	24	70	7.3	2.5
绿 化	$17780m^2$	2L/（m^2・次）	4	35.5	8.9	1.0
小计				113.7	17.2	
未预见水量		10%		11.4	1.7	
总 计				125	18.9	

最高日生活用水量为 $125m^3$，最大小时用水量 $18.9m^3$。

3. 给水系统

本地块从秋石路市政管网引入一路 DN150 给水管，沿主要道路枝状铺设，供应生活和消防用水。

市政供水压力按 0.25MPa 设计。给水系统采用市政直供。

为方便经营管理，配套公建部分各楼层设水表计量，住宅部分实行一户一表。

每户入户管只设一个装修水龙头，室内由业主自行安装。

管材：给水立管及支管均采用内衬不锈钢复合钢管，丝扣连接；室外给水管采用球墨给水铸铁管，橡胶圈柔性接口。

五、排水规划设计

1. 室外排水采用雨污分流制，室内住宅部分采用污废分流制（厨房废水立管独立设置），配套公建部分采用污废合流制。空调凝结水间接排入雨水系统。

2. 污水处理：因场地限制本工程无市政污水管道，场地内污水自己设集中处理生化池。

每户设一个室外小化粪池，经一级沉淀处理后排至场地室外污水干管。

在西北角的公厕边设置集中生化池，集中处理由室外污水干管收集的污水，处理后的污水达到排放标准后排至河道。

3. 污水排水量：按生活用水量的 90% 计，社区的日污水排放量为 $112.5m^3$。

4. 室内 ± 0.00m 以上排水采用重力流排水方式。

5. 室内卫生间排水伸顶通气系统。

6. 雨水系统

1）按照杭州市的暴雨强度公式计算雨量。

$$Q=(57.694+53.476\lg P)/(t+31.546)^{1.008}\ (\mathrm{L/s\cdot 100m^2})$$

式中　P—设计重现期（a），屋面取 10 年，场地取 3 年；

T—降雨历时（min），屋面取 5min，场地取 10min。

$$汇水量：Q=\Psi\times F\times q$$

式中　F—汇水面积（hm^2）；

Ψ—径流系数，屋面取 0.9，室外综合径流系数取 0.65。

2）雨水汇集后，就近排入周围的河流，雨水管径最大为 De450。

7. 管材

室内排水管采用 U-PVC 塑料排水管，胶水黏结；室外排水管采用双壁波纹管，橡胶圈呈插连接。

六、电气规划设计

1. 负荷分级与供电电源

1）本工程建筑为低层住宅建筑及多层公共建筑，配套用房建筑内应急照明按二级负荷要求供电；其余用电负荷均为三级负荷。

2）为满足本工程供电要求，应由两回线路同时供电。

3）负荷估算：

根据《全国民用建筑工程设计技术措施—电气》第 2.7.6 条，住宅用电指标按 $70\mathrm{V\cdot A/m^2}$ 计，配套用房用电指标按 $120\mathrm{V\cdot A/m^2}$ 计。方案设计阶段采用单位面积功率法，负荷估算如下：

住宅：$29498.5\mathrm{m^2}\times 70\mathrm{V\cdot A/m^2}=2064.9\mathrm{kV\cdot A}$

配套用房：$1472.0\mathrm{m^2}\times 120\mathrm{V\cdot A/m^2}=176.6\mathrm{kV\cdot A}$

合计：2241.5kV · A。

由以上计算结果得：该项目拟在地上设 2 个箱式变电站，1 号变电站内设置 2×630kV 干式变压器，2 号变电站内设置 2×500kV 干式变压器，1 号、2 号变电站向住宅建筑及配套用房建筑供电。

2. 低压配电及线路敷设方式

1）220V/380V 低压线路照明、动力主干线采用阻燃型电力电缆（ZR-YJV），应急照明线路采用阻燃型聚氯乙烯绝缘导线（ZR-BV），其余均采用 BV 阻燃型聚氯乙烯绝缘导线穿套接紧定式钢管暗敷或顶棚内敷设。

2）供配电线路采用放射式与树干式相结合的供电方式。

3）二级负荷：采用双电源供电，在适当位置互投（注：消防负荷在最末一级配电箱处）。三级负荷：采用单电源供电。

4）消防用电设备的配电线路应满足火灾时连续供电的要求，其敷设应符合下列规定：

（1）当采用暗敷设时，应敷设在不燃烧结构体内，且保护层厚度应不小于 30mm。

（2）当采用明敷设时，应在金属管或金属线槽涂防火涂料保护。

（3）计量

住宅、配套用房设置一户一表，计量表设于电表间内或暗埋于墙上。

（4）照明系统

① 该建筑内的照明设计参照 CIE 标准，按照《建筑照明设计标准》（GB 50034—2013）执行，满足各场所照明要求，一般场所为高效节能型荧光灯或其他节能型灯具，荧光灯均配置低谐波电子镇流器。

② 主要场所照明控制：门厅、客厅、厨房等处的照明采用就地设置照明开关控制；卧室等处的照明采用照明配电箱就地控制；对楼梯间采用延时自熄开关或采用带人体红外感应自动开关控制。

③ 疏散照明：在大厅、疏散走道、安全出口等人员密集场所设置疏散照明。

④ 应急照明最少持续供电时间及最低照度

a. 一般平面疏散区域（如疏散通道等）疏散照明最少持续供电时间不少于 30min，最低照度不小于 0.5lx；竖向疏散区域（如疏散楼梯）疏散照明最少持续供电时间不少于 30min，最低照度不小于 5lx。人员密集流动疏散区域疏散照明最少持续供电时间不少于 30min，最低照度不小于 5lx。

b. 消防工作区域用照明最少持续供电时间不少于 180min，且不低于正常照明照度。

⑤ 所有应急照明灯具均应带玻璃或其他非燃烧材料制作的保护罩。

⑥ 所有安装灯具均要求功率因数 $\cos\phi \geq 0.9$。

（5）接地系统安全

① 本工程低压配电接地型式采用 TN-S 系统。

② 本工程采用总等电位联结，要求建筑物内所有电气设备不带电金属外壳，各种金属支架、进出建筑物的各种金属总管、PE 干线、建筑物金属构件等应进行总等电位联结。总等电位联结线采用镀锌扁钢，等电位联结应通过等电位卡子、接线鼻子或抱箍，不允许在金属管道上焊接。

③ 卫生间等地方设局部等电位联结 LEB。

④ 对单相插座回路一律采用三线（相线、零线、PE 线）。当采用 I 类灯具或灯具安装高度低于 2.4m 时，灯具外露可导线部分必须可靠接地。配电线路中增设专用 PE 线。

⑤ 在总照明配电箱装设电涌保护器作为第 1 级防雷击电磁脉冲过电压保护装置。

（6）建筑物防雷系统

① 本工程变压器中性点工作接地、防雷接地、电气设备接地、等电位联结接地及其他电子设备的功能接地共用同一接地体（联合接地体），即利用大楼基础桩基及承台内主钢筋作接地体，要求接地电阻不大于 1Ω。

② 本工程属一般性民用建筑，按第三类防雷建筑物要求进行防雷设计。

③ 为防直击雷，利用混凝土屋面设置避雷带和避雷针作接闪器，引下线利用柱内外侧两根（≥ ϕ16）主钢筋，接地极利用建筑物基础桩基及承台内主钢筋。

④ 建筑物的防雷装置满足防直击雷、防侧击、防雷电波的侵入和防雷电感应措施，并设置总等电位联结。

⑤ 屋面上所有金属物件与避雷带可靠连接。

⑥ 为防止接触电压和跨步电压，引下线 3m 范围内地表的电阻率不小于 50kΩ · m，或敷设 50cm 厚沥青层或 15cm 厚砾石层。

七、弱电系统规划设计

1. 系统设计

根据本工程建筑功能，结合今后系统发展的趋势，将智能化系统由如下 3 个系统组成：

1）通信网络及程控交换机系统（CAS）；

2）有线电视系统（CATVS）；

3）公共广播兼紧急广播系统（PAS）。

2. 弱电系统布线及接地

本工程消防控制引入的火警线、联动线、消防通信线、广播线均采用铜芯线穿管或线槽敷设。其他系统布线按各系统要求布线，均需穿管敷设，平面上暗埋到位。弱电系统接地采用联合接地、接地电阻≤ 1Ω 。

八、环保及卫生防疫规划设计

1. 彩色植草坪砖技术

采用透气、透水的彩色草坪砖，既可停车、行人，又可增加绿化面积，综合效果好。增加了绿化，美化了居住环境，综合效果明显。

2. 给排水设计

1）卫生器具采用节水型的卫生器具，污、废、雨三水分流，粪便污水经化粪池处理后，流入市政污水管网，雨水经汇集后排入市政雨水管网，厨房油污水经隔油池处理后排入城市污水管道，达到环保要求。

2）室内冷热水给水管均采用内衬不锈钢复合钢管，避免管道锈蚀污染水源。

3）公共洗手间洗脸盆采用感应式龙头，小便器采用感应式冲洗阀，避免造成交叉感染隐患。

4）本工程总水表之后设管道防污染隔断阀，防止红线内给水管网之水倒流污染城市给水。

3. 暖通设计

厨房、卫生间采用专用排气道排至屋顶。

4. 居住区生活垃圾收运

小区内设置垃圾收集点，实行“分类装放，定时收集，由环卫所统一运送市垃圾集中处理点处理”，营造小区整洁、卫生和优美的环境。垃圾收集箱在垃圾投放后能自动关闭密封，防止蚊蝇滋生污染环境。

第十节　乡村基础设施规划设计实例：东林镇泉益村美丽乡村精品村

一、总平面布置规划设计

东林镇泉益村美丽乡村精品村规划建设用地共计 12.56 公顷，主要包括村民住宅用地、村庄公共服务用地、村庄产业用地和村庄基础设施用地。古村落的住宅用地考虑到今后与乡村旅游的结合，所以用地性质改为混合住宅用地。规划共结余建设用地 3.9 公顷，约 58 亩（图 4-8）。整体空间布局包括：社区服务中心、文化礼堂、综合商业体、民宿、乡村大食堂、柳编教室、柳编文化园、水乡特色渔庄、东岳庙、柳编展示馆、泉家潭老轮船码头、渔文化展示馆、“杭班”差胡搜、爆鱼面馆等（图 4-9、图 4-10）。

二、道路交通组织规划设计

1. 完善与区域交通的连接现状泉益村对外通道主要依托泉庆公路，为满足村民的出行要求和今后旅游发展，在村庄北部打造 L 形通道，形成方形对外双通道。

2. 构建旅游景观环线利用现成的荡湾里码头和泉家潭码头向南开通水上观光旅游线，村庄向北串联荡湾里、稻田、特色农庄、东岳庙等主要节点，打造村庄北部骑行绿道，沿线种植梨树，可赏花可采摘。通过南北水陆景观旅游线的打造，构建“环村而行、绕水而游”的水陆互动游。

3. 旅游景观环线。优化内部交通组织，完善村庄内部道路系统，对滨水空间游步道进行环通。同时完善村庄停车设施，通过对闲置地、空地等梳理，设置停车场（图 4-11）。

规划村庄建设用地共计12.56公顷，主要包括村民住宅用地、村庄公共服务用地、村庄产业用地和村庄基础设施用地。古村落的住宅用地考虑到今后与乡村旅游的结合，故用地性质改为混合住宅用地。

规划共结余建设用地3.9公顷，约58亩。

村域规划用地构成表

序号	用地代码		用地分类	用地面积（hm^2）	占村庄建设用地比率（%）
1	V1		村民住宅用地	9.72	77.40
	其中	V11	住宅用地	8.66	
		V12	混合用地	1.06	
2	V2		村民公共服务用地	1.22	9.71
	其中	V21	村庄公共服务设施用地	0.52	
		V22	村庄公共场地	0.7	
3	V3		村庄产业用地	0.86	6.85
	其中	V31	村庄商业服务业设施用地	0.86	
4	V4		村庄基础设施用地	0.76	6.04
	其中	V41	村庄道路用地	0.75	
		V43	村庄公用设施用地	0.01	
5	村庄建设用地			12.56	100.00
6	E1		水域	15.6	
7	E2		农林用地	80.16	
8	总用地			108.32	

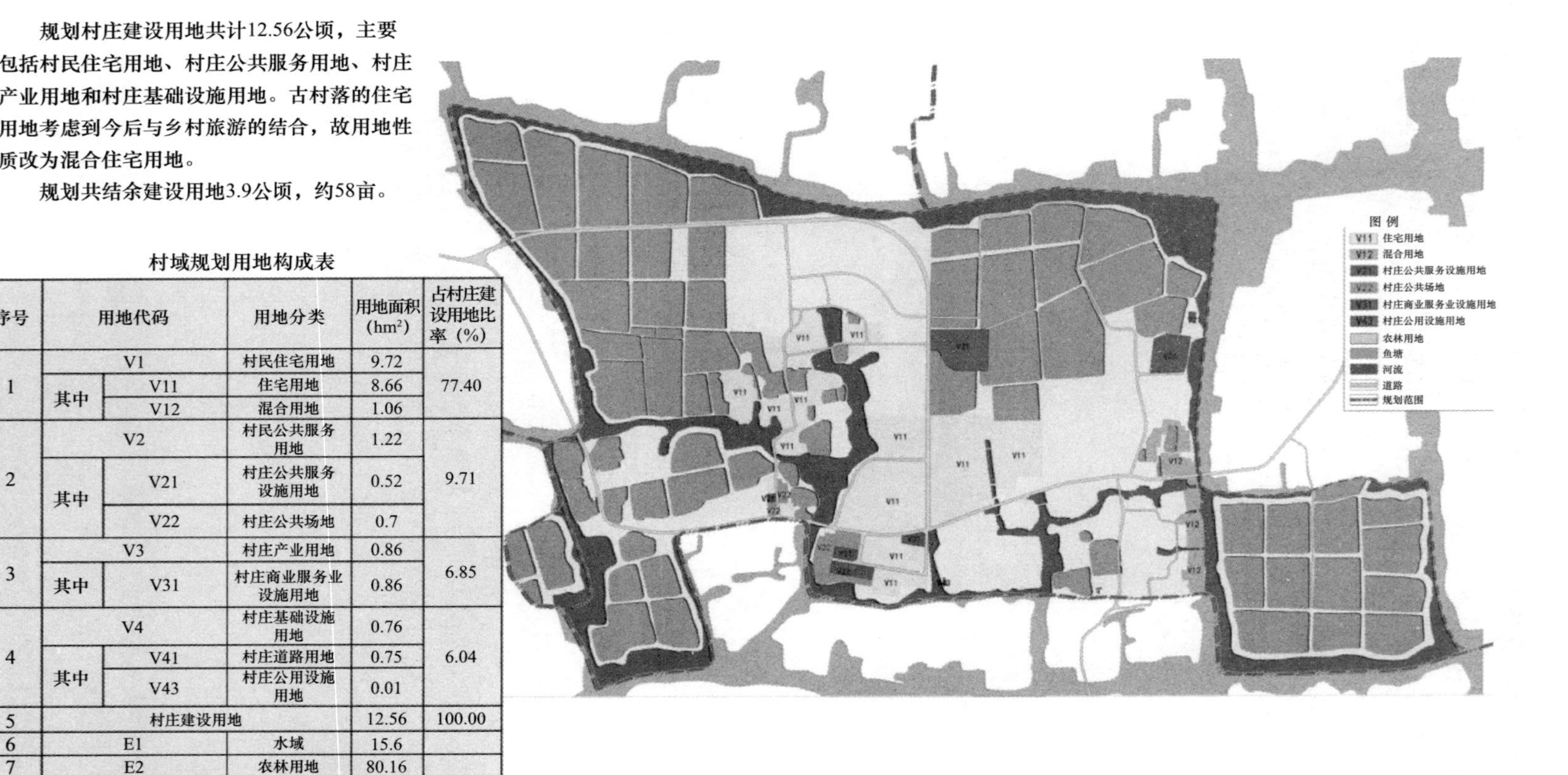

图 4-8 东林镇泉益村美丽乡村精品村村域规划用地布置图

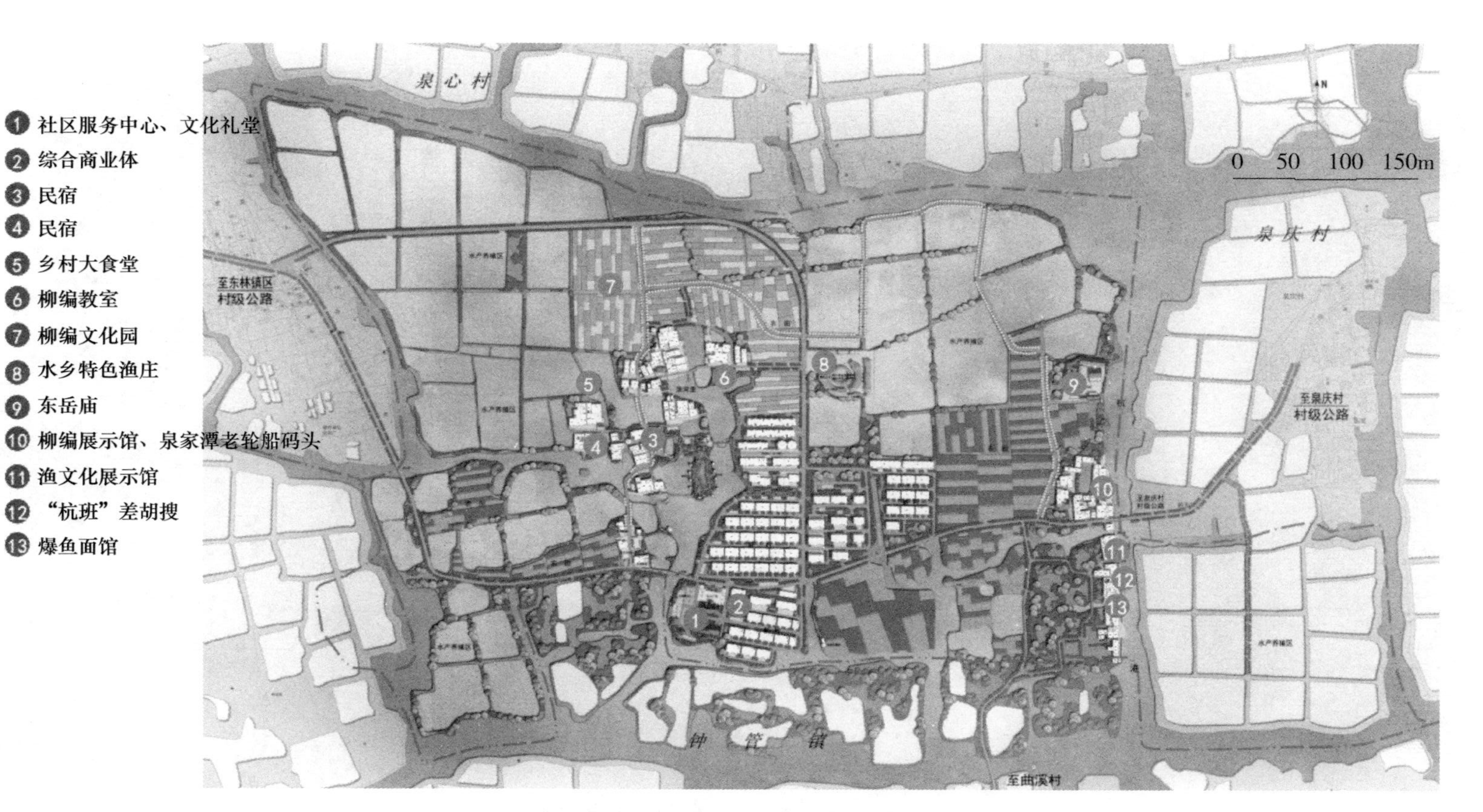

图 4-9　东林镇泉益村美丽乡村精品村规划总平面图

图 4-10　东林镇泉益村美丽乡村精品村村域鸟瞰图

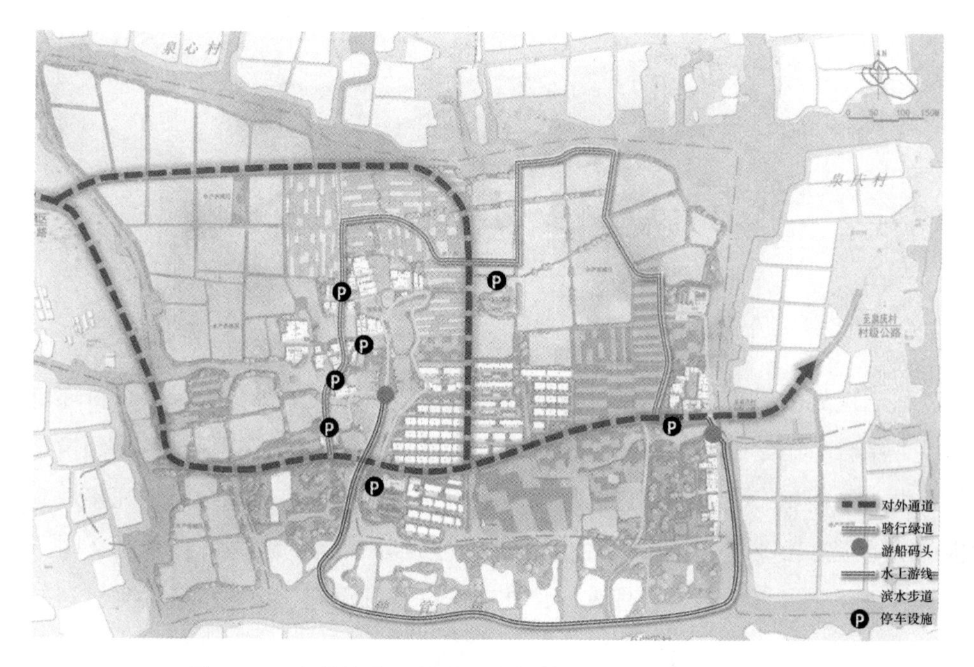

图 4-11　东林镇泉益村美丽乡村精品村道路交通规划图

第五章　乡村环境规划设计

以科学规划为手段，以实现经济、社会、环境协调发展为目标，以乡村环境整治为抓手，结合生态学的科学原理，强调以人为本的规划理念，将保护乡村环境、合理开发资源、平衡生态要素、促进区域发展有机结合，探讨乡村系统结构完整性、乡村功能的完善性、乡村景观的延续性，满足“生产发展、生活宽裕、乡风文明、村容整洁、管理民主”等要求，合理统筹，扎实做好基础设施建设，打造优美宜居的乡村环境。

第一节　乡村入口规划设计

美丽乡村建设中，村庄入口空间是乡村景观的重要节点，其对乡村形象的塑造，对环境的美化，对乡村整体形象塑造所起到的积极作用是不可估量的。

美丽乡村建设中村庄入口打造要点包括以下几个方面。

一、村庄入口空间的界定

村庄的入口即村口，在古代是一个村庄规划建设中非常重视的部分。对于家园命运的梦想和希望，往往通过村口的精心设计来表达。

它关乎村庄的整体形象。建筑是空间的艺术，入口空间是由一系列相关的空间组成的空间序列。它给人的感觉不应该是一座孤立的、呈平面形态的入口，而应是有进深的，并与整个环境协调，能体现人们对空间感受的丰富性，控制着人们的心理空间从内向外的转换。

二、村庄入口空间的功能

交通功能：村口是村庄的交通枢纽。根据村子内部结构的不同，有的是环形道路的入口，有的是横穿村庄的道路上的一个节点。

标志功能：村庄的入口有界定、标志、引导的功能，划分村内与村外的界限，是乡村聚落板块与农田基质间划分的标志，是有人类活动的标志。

文化功能：村庄入口空间是一个村文化的集中体现，有些以农家乐为主要产业的村庄，入口空间还具有广告宣传的功能。

三、村庄入口空间景观设计应遵循的原则

村口街巷应满足村庄间题名、指向、车行、人行以及农机通行的需求。因此，村庄入口空间景观设计应遵循以下几个原则：

选址科学，安全合理。入口空间属于交通要道，应避免自然灾害对其影响，宜平坦、开阔，使其交通通畅。距离村庄居民区有一定的距离，使内部安静舒适。同时要配合村庄规模和周围景色合理建筑，使大门及附属建筑的体量和风格与环境相协调。另外，过于厚重的建筑，一旦倒塌可能造成交通堵塞或更多的危险发生，安全是村庄入口建设的首要问题，尤其是灾害频发的偏远山区。

空间有序，收放自如。空间序列设计的目的是提供高潮迭起的丰富景观层次。景观序列应与交通环境相匹配，在不进行大面积铺装的情况下，做出尺度适宜、收放有致、感受亲切的空间最理想。

因地制宜，就地取材。与环境完美结合并且具有浓厚的乡土气息就是好的景观。应用当地特有的建材可以减少花费，同时体现出原汁原味的乡土气息。

主题突出，造型新颖。体现乡村的文化是入口空间的重要任务之一。选取最能代表乡村特色，且最能唤起使用者归属感与认同感的题材，便于在使用者与观赏者之间建立文化的认同。同时利用有限的景观集中制造一个深刻的印象，要避免过于抽象，尤其是对于生僻的典故等。越是抽象，需要理解的时间也就越长，在短暂的通过时间里，如果不能辨识和很好地找到方向，游客的体验度将会大打折扣。

四、美丽乡村入口景观设计原理

1. 景观生态学是研究景观单元的类型组成、空间格局及其与生态学过程相互作用的综合性学科。该学科的研究核心是强调空间格局、生态学过程与尺度之间的相互作用。国外的景观生态学研究起步较早，德国区域地理学家 C.Troll 于 1939 年首次采用了“景观生态学”一词，并且根据欧洲区域地理学和植被研究的传统对景观生态学做了定义。我国在景观生态学方面的研究虽然起步比较晚，但是通过对国外理论系统的学习和研究，近年来的发展还是比较引人注目的。现代景观生态学指出组成景观的结构单元有 3 种：斑块、廊道、基质。斑块、廊道和基质模型成为景观生态学的一种理论表达，也是用景观生态学来解释景观结构的基本模式。斑块是指不同于周围背景的非线性景观元素，与周围的基质有着不同的物质组成。斑块的内容很丰富，表现在大小、数目、形状和位置等多方面。廊道是连通各个斑块的通道，也是联系相对孤立的

景观元素之间的线性或者带状结构。廊道的重要结构特征包括：宽度、组成内容、内容环境、形状、连续性以及与周围斑块或者基质的作用关系。基质是指景观中分布最广、连续性也最大的背景结构。由于人的活动范围的扩大、活动内容的增加、活动频率的提高，自然斑块日益减少，随之带来的问题就是人与自然之间的矛盾越发突出和显著。那么如何在设计中既能保持物种的多样性，又能减少对资源的利用，改善生态环境才是我们应当思考的。

2. 景观美学理论从属于环境美学，从字面就可以看出，它的出发点是审美。通俗地讲，其主要的关注点是景观到底美不美，景观美学以审美特征、审美构成以及审美的心理活动等为研究对象，通过统一、对称、均衡、对比、调和等来判断景观的美学性。景观美学不仅指自然景观，人文景观和人工景观也是景观美学的研究范围。如各种大自然的景观、人文景观中的雕塑景观、传统建筑等以及人工景观中的各种景观构筑物都可以被研究。

五、美丽乡村入口景观的提升规划

1. 突出入口标识。在我国现在大力推行美丽乡村建设的背景下，许多乡村正在贯彻落实党的纲领，但是，很多投资商只关心建成的项目的经济回报，对于美丽乡村的定位也不是很明确，导致在入口景观的打造上并不明确，和乡村的文化、历史等背景契合度低，大部分的美丽乡村的入口区域景观十分雷同，游客很难在参观时有十分深刻的印象，也不太能够感同身受，体会当地的文化。在设计时应当能够先深入了解当地的文化背景，能够将当地特色融入到入口标识之中。

2. 丰富功能性。在调研了南京及周边地区的几个建成的美丽乡村之后，我们发现，许多美丽乡村的入口区域在功能区域的划分上不是很明确，入口缺少停车场、集散广场等，使得整个入口空间没有层次感，缺少在入口区域上对功能性的思考；而有的入口广场功能比较完备，区域划分也比较明朗，但却缺少了景观在审美上的追求。美丽乡村的入口景观在设计时应当考虑到审美与功能的统一，深度分析一个美丽乡村的规模大小、预期定位、入口大小、入口地形等各方面的因素，才能使得景观的设计不会太过单调，并且能对入口空间的划分产生作用。

3. 协调植物配置。在大多数美丽乡村的入口区域植物设置上，我们可以发现，植物配置虽然丰富，但是生搬硬套的痕迹比较明显，例如南京市桦墅村的入口植物配置很好看，不过如若把这块区域的植物放置到一个小区的绿化上也能成立，放到城市的休闲公园里也能成立，这样的景观配置缺乏自己的特色，缺乏对乡土树种的运用，更缺乏对乡村文化的考量。其次，在乡村的入口景观这样特定的大范围下，植物的配置偏向于城市化，没有乡村那种大片生长的自然群落感，让人没有置身乡村之感，更像是来到了一个商业区域。另外，在彩色植物的应用上也有诸多不足，植物在四季的色彩上变化单一，常绿树种较多，不能产生颜色上的层次感。在乡村入口景观的设计上应该考虑其特殊性，多使用特色的乡土树种、丰富植物的层次感，能够强调美丽乡村这一关键。

4. 增强景观空间感。在设计时，需要增强入口区域的空间感，提升景观的观赏价值。在调研中，我们发现绝大多数的美丽乡村的入口景观的空间感比较薄弱，没有景观层次，景观比较杂乱，没有观赏价值。例如，南京市杨柳村的入口景观仅由一块牌坊和周围零星的绿植组成，入口区域已经被许多的小商贩占领，绿化也只有低矮的灌木，整体入口景观的质量较差，和整个乡村的氛围格格不入，十分影响入口区域的观赏效果。

5. 提升构成元素特色。特色化的入口区域景观构成元素有助于彰显某一地区的乡村特点，提升其独特性。现有建成的美丽乡村的入口景观在设计上大多比较简单，在风格上也都千篇一律，比较雷同，缺乏自己的文化特色。例如，江浙一带的美丽乡村几乎都在入口处设置一块牌坊，在牌坊上刻上乡村的名字，再在周围点缀一些花草，便完成了。没有因地制宜地运用各种入口景观的构成元素，更不要说是针对这块区域进行入口的景观设计了。

6. 协调统一乡村生态环境。虽然我国正在大力推行美丽乡村的建设，但总的来说目前我国的美丽乡村建设还处于发展的初级阶段，许多情况下对于美丽乡村的建设本质还是模棱两可的。在建设时，往往一些投资商只把乡村当成获得经济效益的产品，只从自身利益考虑，在这种情况下，只要是有利可图的就会被照搬进来，但往往这些照搬进来的景观会显得十分生硬，与村内的生态景观不能融合在一起，没有美丽乡村的代入感。在对入口景观进行建设时，应当充分考虑乡村的生态环境，使得入口建设有据可循。

六、美丽乡村入口景观设计的应用

第一，在入口景观的设计上应当紧紧围绕美丽乡村的主题和当地的文化特色，在设计前深入研究当地的传统文化、民风民俗、历史背景，并将这些东西和景观设计融合在一起，使游客能够在一进到乡村的入口处就感受到浓浓的地域特色与乡村的美好景观；第二，能够因地制宜对空间进行划分，使入口区域的各种功能都能得到均衡的分布，将功能性的景观融入到景观设计中去；第三，景观构成元素要符合当地的地域文化和地方特色，要根据乡村的具体实际情况来决定，不可盲目照搬和套用；第四，植物配置上要做到符合当地特色和乡土文化，不能千篇一律，在颜色和常绿落叶等搭配上也要足够丰富，使景观能够产生层次感，多使用乡土树种，把乡村的精神弘扬出去，提高植物的观赏价值。

第二节　乡村绿化规划设计

一、乡村绿化规划设计的原则

1. 整体协调，统一规划的原则

村庄绿化要体现整体协调和统筹城乡一体化绿化的观念。村庄绿化的布局、绿化用地安排等要与各部门的专项规划进行整体协调。

2. 分类规划，分步实施

要根据各村自然环境和经济发展水平对村庄划分类型，分别提出相应的绿化标准和要求。特别是带头村，要逐村进行规划设计，制订实施方案，抓出典型，发挥示范作用。对道路、河道、庭院等也要根据其不同的特点进行有针对性的规划。在绿化时，要立足实际，先易后难，循序渐进，逐步提高。要选择重点地段作为突破口先行绿化美化，再向一般地段推进。

3. 生态优先，兼顾经济

要以改善村庄的生态环境作为绿化的第一目标，优先考虑绿化的生态效益，树种选择要以乔木为主，营造村庄森林生态系统。在确保生态目标的同时，要合理配置树种，创造景观效益，把生态园林理念融入到村庄绿化工作中，发挥绿化的美化作用；要充分利用房前屋后空隙地发展小果园、小花园、小药园、小桑园等，发挥绿化的经济效益。

4. 因地制宜，反映特色

绿化要与当地的地形地貌、山川河流、人文景观相协调，针对不同村庄的气候、地形，采用多样化的绿地布局，力求各有特色；对路旁、宅旁、水旁和高地、凹地、平地等采取灵活多样的绿化形式，不千篇一律。规划要自觉保护、发掘、继承和发展各地村庄的特色，充分展示乡村风光。

5. 合理分布，节约用地

绿化和村庄内的生产、生活区要合理分布，形成布局均衡、富有层次的绿地系统。我国人多地少，因此，绿化建设用地要统一规划，节约用地。一些不适宜建筑和道路交通的较复杂的、破碎的地段要尽量利用，见缝插绿。

6. 保护为先，造、改结合

在村庄绿化过程中，要严格保护好风景林、古树名木、围村林、村边森林等原有绿化，将其融入村庄绿化规划中。在绿化实施过程中，要改造与新建结合，充分利用原有绿地。在基础设施建设时，要做到绿化与建筑施工同步，避免绿化滞后的被动局面。

二、村庄类型与绿地类型

1. 村庄类型

根据村庄所在地区的不同，村庄类型分为城市化村庄、城镇化村庄和山区生态化村庄 3 类。对不同的村庄类型在绿地的比例要求上有所不同。

2. 绿地与绿化类型

1）村庄绿化的绿地类型，参照城市绿地的分类方法。根据绿地的主要功能分类，绿地类型包括以下几种。

（1）公共绿地：指向公众开放、以游憩为主要功能的绿地。在村庄绿化中，主要是指村庄内的小公园、小游园绿地、休闲绿地、广场绿地等。

（2）防护绿地：指具有卫生、隔离和安全防护功能的绿地。村庄绿化中主要指围村林、河渠堤绿地等。

（3）附属绿地：在村庄绿化中，主要指庭院绿地、工业绿地（工厂内的绿地）、道路绿地等。

（4）其他绿地：指除以上绿地类型外，在村庄内对环境改善和居民生产生活有直接影响的其他绿地，包括风景林、经济林等。

2）在村庄中心居住区外，村域范围内，还有下列绿化类型：

（1）路河渠堤绿化：指村域范围内的道路、河流、沟渠的绿化。

（2）山体绿化：村域范围以及距离村庄 500m 范围内第一层山脊内的绿化。

三、规划指标

1. 村庄居住区

1）绿化覆盖率

村庄绿化覆盖率要达到 35% 以上，包括公共绿地、生产绿地、防护绿地、附属绿地及其他绿地。

2）公共绿地

有条件的村可在居住中心区建设一处 300m^2 左右的小公园、小游园，供居民休闲、游玩，村庄中心区人均公共绿地面积一般不少于 1.5m^2。

2. 村域范围

1）路河渠堤绿化

村域范围的主要路、河、渠、堤的绿化率达到 95% 以上。

2）荒山绿化

村域范围的宜林荒山绿化率达到95%以上，距离村庄500m范围第一层山脊内的宜林荒山绿化率达到100%。

四、乡村绿化规划及树种设计选择

1. 房前屋后绿化

乡村房前屋后一般可用于绿化的地方较窄，宜零星种植或丛状种植，采取单层乔木或乔灌结合模式种植，见缝扎绿；可选用美观、经济价值高、适应性强的树种。一般选择小苗种植，有条件的可大苗种植。根据绿化面积的大小决定种植的株数，可适当较密种植，株距与行距在1.5～2m之间，待过几年树木长大后，进行间隔移植，用于其他地方绿化或直接作为绿化树销售。种植树坑的大小与造林时间选择等营林措施可根据不同的树种及其苗木大小决定。

庭院绿地是附属绿地中的一类，庭院绿化可分为以下几种模式：

1）花卉型

此类型适宜于面积特别狭小的庭院。以栽种花卉为主，间种几株乔木，花卉可选取高、中、矮种类搭配。

2）林木型

此类型适合绿化用地面积较大的庭院。选择的树种应主要考虑景观生态效益，兼顾经济效益。此类型以选择高大乔木为主，灌木为辅。

3）果树型

绿化用地面积较大的庭院还可结合绿化栽植果树，以获得一定的经济效益。果树型既可以是多种果树混种的混杂型，也可采用一种果树的单一型。

以上是庭院绿化的基本模式，在绿化过程中，可对上述基本模式进行组合，形成新的混合模式。

推荐树种：降香黄檀、红锥、土沉香、香樟、柚木、楠木、格木、香椿、红椿、扁桃、秋枫、竹柏、人面子、凤凰木、红桂木、玉兰花、桃花心木、幌伞枫、麻楝、黄槿（沿海乡镇）、木麻黄（沿海乡镇）、黄皮、荔枝、龙眼、芒果、木菠萝、番石榴、杨桃、九里香、红檵木、鸡蛋花等。

2. 乡村庭院绿化

乡村庭园一般包括乡村学校、村委会办公地、族祠或较宽农宅园地等，一般采用复合层次绿化，有乔木、中灌、矮灌三层复合绿化，也可只有乔、灌或中灌、矮灌两层绿化。如庭园较小，也可采用乔木或灌木单层绿化。

推荐乔木：土沉香、香樟、扁桃、秋枫、竹柏、玉兰花、桃花心木、幌伞枫、麻楝、黄皮、荔枝、龙眼、芒果、大王椰、龙船花、九里香、红檵木、福建茶、红背桂、鸡蛋花、朱槿等。

3. 乡村道路绿化

乡村道路一般较窄，两边可用于绿化的地方不多，可规划两边各种植一排绿化树，采取单层乔木或乔灌结合模式种植。乡村道路绿化树种选择可考虑树冠美观、速生、经济效益好、易栽、易活、易管的绿化树种，如果道路两旁是农田的，应选择树冠较小的树种。选择小苗绿化树种植时，一般株距为 1.5 ～ 2m，待几年树木长大后，可间隔移植，用于绿化其他地方或直接销售。大苗绿化树种植时，一般根据不同的树种设计株距 4 ～ 6m 不等。种植树坑的大小与造林时间选择等营林措施可根据不同的树种及其苗木大小决定。

推荐树种：红锥、土沉香、香樟、柚木、秋枫、榕树、竹柏、人面子、大叶紫薇、红桂木、玉兰花、幌伞枫、柳树、木麻黄（沿海乡镇）、大王椰、木菠萝、速生桉、龙船花、九里香、红檵木、鸡蛋花、朱槿等。

4. 乡村水边绿化

乡村的水边一般包括近村的江河（海）边、水沟边、水塘边，土壤水分高，一般较贫瘠，可选用耐湿、耐贫瘠、适应性强的树种，采取单层乔木或乔灌结合模式种植。可选择小苗种植，有条件的可大苗种植。可根据造林地的大小决定零星种植还是行状种植。可适当较密种植，株距与行距在 1.5 ～ 2m 之间，待过几年树木长大后，进行间隔移植，用于其他地方绿化或直接作为绿化树销售。种植树坑的大小与造林时间选择等营林措施可根据不同的树种及其苗木大小决定。提高生态和景观效果，提倡采用乔灌草组合式的绿化。植物与水配合能创造各式各样的园林景观，要充分利用这一特点营造“水清岸绿”的水乡美景，体现水乡特色。

推荐树种：秋枫、麻楝、红桂木、人面子、幌伞枫、柳树、黄槿（沿海乡镇）、木麻黄（沿海乡镇）、木菠萝、番石榴、杨桃、九里香、红檵木、鸡蛋花等。

5. 村边空地绿化

村边空地主要包括道路两旁空地、村头村尾空地、丢荒坡地等小块空地。由于长期以来，农村绿化意识薄弱，村边小块空地一般未被绿化，杂灌丛生。此类空地有一定面积，且土壤肥沃，有一定的集约经营价值。造林绿化时，可根据群众自身意愿，进行长久绿化或短期经济收益集约经营绿化。规划长久绿化时，可选择以珍贵木材为经营目的的珍贵树种或树冠优美的绿化树种进行绿化。规划短期经济收益集约经营绿化的，可选择短期绿化价值高的、速生丰产的或经济果木树种进行绿化，可按绿化树苗、速生丰产林或经济果树的集约经营管理模式进行经营管理。

规划长久绿化推荐树种：降香黄檀、红锥、土沉香、香樟、柚木、楠木、格木、香椿、红椿、扁桃、秋枫、竹柏、人面子、凤凰木、红桂木、玉兰花、桃花心木、幌伞枫、麻楝、黄槿（沿海乡镇）、木麻黄（沿海乡镇）、黄榄、松树等。

规划短期经济收益集约经营绿化推荐树种：红锥、土沉香、香樟、柚木、楠木、秋枫、竹柏、人面子、凤凰木、红桂木、玉兰花、桃花心木、幌伞枫、麻楝、黄皮、荔枝、龙眼、芒果、木菠萝、番石榴、速生桉等。

6. 公共绿地

村庄中的公共绿地以为广大村民提供休闲游玩场所为主要目标，要充分体现以人为本的建设原则。在功能上，以儿童游戏、青少年文化娱乐、老年游憩健身为主。园林建设以植物造景为主，绿地率大于 70%。

7. 工业绿地

工业绿地建设既要满足生态功能，又要注重景观效果，创造美丽的工作环境。

在生态功能方面应根据厂区的不同性质，对绿化有不同的要求：

1）有害气体较多的工厂内外的树木种植密度要小，或用矮灌木、草坪等进行绿化，以利于有害气体迅速扩散和稀释。

2）在容易发生火灾的工厂内，为满足安全和消防要求，宜选择有防火作用的乔灌木，避免选用含油脂和易燃树木。

3）噪声较大的工厂周围宜选用树冠矮、分枝低、树叶茂密的灌木与乔木，形成疏松的树群或数行狭窄的林带，以减少噪声的强度。

4）对防尘要求比较高的工厂，要发挥绿化减少灰尘的优势，选择枝叶稠密、叶面粗糙、生长健壮、吸尘能力强的树种。

8. 荒山绿化

根据各个村的不同立地条件，本着适地适树的原则，确定在荒山营造防护林，造林树种为侧柏、火炬等。

第三节　乡村景观小品及其规划设计

随着中国城市化水平的快速发展，广大乡村地区发生着翻天覆地的变化，出现了由从传统的小农经济向现代城市化的转型，传统民居在新农村景观规划中的大拆大建，许多传统村落渐渐失去了原有的景观文化特色。我们儿时的记忆中浓郁的乡村风貌、乡村气息渐渐被同化了，记忆变成了回忆，凸显了景观小品的重要性，彰显景观小品的魅力，景观小品丰富着乡村风貌，提升生活水平，美化环境，保留了乡土气息的浓郁度，文化底蕴的再创造，促进乡村文化资源的再利用，提升乡村文化的旅游价值，景观小品利益最大化展陈。

一、景观小品的现状

1. 乡村景观小品的认识

随着现在中国经济的发展，科技慢慢走入平民生活，大多乡村已有改变，人文景观与自然景观都或多或少的缺失，生态系统也遭到了人类工业化的破坏，例如森林的砍伐，河流的污染，与我们相邻近的农田、牧场等都受到影响。我国景观小品现已迎来了严峻的考验。其一，乡村原有文化大量丢失，现代年轻人对传统民俗文化缺乏继承意识，已导致乡村景观功能退化，甚至完全丧失，作为21世纪的新青年，我们有保护和继承乡村景观的义务及权利，景观小品面临着脱胎换骨的改变，同时有着非同寻常的重要地位。

乡村景观与城市景观存在着巨大的差异，它只出现在乡村，是经过时间岁月的洗礼，长久的历史沉淀形成的。

2. 乡村景观小品的功用

近年来，美丽乡村建设提上日程，国家领导的高度重视，政策的大力扶持，注重乡村原生态，打造美丽乡村特色文化，是国家首要任务之一，美丽乡村的打造，景观小品有着举足轻重的地位，其自身特点也有所讲究，具体如下：

1）美化环境。一件件小品的叠加，加载艺术表现形式及其美学的运用，提升环境质量，增加吸引度。

2）区域独特文化。各个区域都有着自己的民俗文化及自身文化特色，通过景观小品的再创造，艺术形式的表现，及其基础设施的完善，凸显自身的独特性。

3）实用功能。各种景观器材、配件等设施供游客们休息、照明、观赏、健身等多方面需求，满足游客们生理、心理等服务。

二、景观小品在乡村旅游中的应用

随着时代的变革，我国科技的不断发展，现代化耕种技术的融入在大幅度提升农业产量的同时，一大批老式的耕种器械慢慢退出了历史舞台，如犁、耙、风车、簸箕等，但这些物品都迎来了新的时代地位，它们可以用一种景观小品的形式表现出来。这种景观小品的设计可以在装饰景观的同时唤醒人们脑海深处的记忆，增加对故乡的热爱之情。

三、乡村景观小品的设计原则

1. 乡村景观小品的设立原则

1）景点连接线。一个景区一般都由几个景点组成，乡村文化建设中，渐渐地由点到线，线到面构成，从单一的文化村延伸至片区文化改造这种连接通常叫作景区连接线。如果仅仅只服务于一点，只会让游客感到乏味，产生疲劳感，失去观赏游玩的乐趣，为此，美丽乡村的建设根据景观点的类型和面积大小而定，利用花、树等植被及其他不同样式种类的景观小品共建乡村“线”“面”景色。

2）游客服务中心。游客服务中心一般建立在景区入口处，由于它的位置和功能，这里往往是游客最集中的地方。游客一到景区，首先进入的是游客中心，所以游客中心是一个景区给游客留下第一印象的地方，起着先声夺人的作用。

3）游客休息区。随着我国经济的不断发展，旅游业迎来了一个巅峰。现在，我国各大景区内游人数量不断上涨，其中应重点考虑游客休息区的设置，例如山岳型景区因其有着自身景观的特点，因此，游客休息区需要更好的建设，建设得多一些。休息区的主要功能是供人休息，但休息也分几种，一般是快乐的休息，看到好的景致多享受一会儿，满足精神上的愉悦。在这种条件下，游客休息区也需要重点考虑，它已经成为景区中的一个重要区域，可以在休息区增加一些有趣的艺术性、知识性的景观小品，丰富游客的休息时光。

2. 乡村景观小品的运用原则

1）吸引游客的原则。时代的不断进步，旅游业也慢慢火热起来，商家在不断完善自己的同时，应采取多种方法吸引游客。

2）注重内涵的原则。景观小品不仅要好看、耐看，重要的是吸引游客，通过景观小品的再创造，重温历史，品味当地风土人情，了解当地文化特色，体会当时文化背景与情感，烘托主题思想，注重乡村文化内涵的表现，闲暇之余，缓解游客的疲惫心态，给人一种温馨舒适的畅快之感。

四、乡村景观小品规划设计

1. 体现乡土人文与地域性

新农村景观小品文化要素包括风土人情、宗教信仰、生产观念，它的创造过程就是对这些文化内涵不断升华、提炼的过程；景观小品设计的文化性特征还要与村民的文化层次、地区文化特征相适应，要“寓情于景，情景交融”，才能形成一个充满文化氛围和人性情趣的环境空间。

2. 以人为本，满足需要

无论是点景还是组景，景观小品在空间布局上都要主从分明、重点突出、彼此呼应。摆设、背景的选择都要与地形、建筑、植物、水体协调一致。景观小品的目的就是服务于人，人的行为需求、活动需求、身体尺度等因素对景观小品的设计都有不同程度的要求，在进行景观小品布局时，要满足不同人群的审美和使用要求。

3. 创意与乡土性结合

优秀的作品设计不是对传统的简单模仿和生搬硬套，而是提高和创新的作品，使景观小品形成别具一格的风貌特色，避免“千城一面”无序重复的一种“道具”。景观小品给人以不同的感受，自身就是造型语言，在新时代意识下的创意构思具有其独特的时尚元素，但造型的设计不能脱离意境。新农村景观小品设计重在反映村民生活，尊重当地社会习俗、风土人情，应提炼其中的传统符号、材料及风格特色进行创意设计，让村民在娱乐的同时又受到传统文化的熏陶。

4. 因地制宜与节能结合

新农村景观小品设计应因地制宜，尽量根据场地环境选择当地材料，让景观小品的设计手法与节能技术相一致，利用先进的科技、新的思维方式，创作出景观小品不同于以往的风格与形式。形式创新的同时应当积极进行材料、技术创新，当今景观小品的材料、色彩呈现多样化的趋势，有石材、木材、竹藤、金属、铸铁、塑胶、彩色混凝土等不同材料，应采用无污染的环保材料，使其本身具有绿色性能。同时，景观小品在以后的管理维护中应以减少人力、财力的投入为准，当小品的使用达到年限时，它的处理也应该符合销毁无害或者二次再利用的原则，使其成本降到最低。

第四节　乡村消防规划设计

我国幅员辽阔、地形多样、农村经济发展不平衡。分布在不同地区的农村、农业均有很强的地域特点。其中有些农村还处在相对落后的环境中，农民生活水平还比较低，不良的消防安全条件使农村火灾近年来有明显上升趋势。

农民住宅一旦发生火灾，将烧毁农民的生产、生活物资，使农民生活更加困难。随着我国社会主义新农村建设的推进，农村新建、改建、扩建建筑日渐增多，农村建筑、村落都有了新的变化。为了实现合理规划、减少先天隐患的存在概率，就有必要在把握农村特点的基础上，研究具有较强适应力的农村消防规划设计要点。

农业生产离不开水，农民生活也离不开水，因此农村消防用水是有优势和条件的。关键是如何协调利用生活、生产用水与消防用水的关系。另外，农村距离城镇较远，道路条件与城市相比相差悬殊，因此农村消防的重点还是立足自救。许多农村火灾案例也证实，由于农村火灾初期缺乏足够的自救力量而导致严重损失。现在农村居民中有很多留守老人、留守儿童和妇女，而这些人群是弱势群体，火灾时容易受到伤害，因此，加大消防组织的建设，利用农村少量青壮年劳动力组建消防队也是目前切实可行的办法。

按照农村所在地形地貌大致可分为山地和平原农村两类。由于两者在建筑布局、村落形成等方面具有较大差异，因此分开对待比较科学。属于风景名胜区，文物保护单位或其他具有重要保护价值的农村，其消防规划设计宜由县级以上公安消防监督机关主持或参与下进行专门研究；高原、牧区、少数民族地区农村的消防规划设计宜由县级以上人民政府、公安消防监督机关、专家学者共同参与下进行专门研究制订。

一、农村消防安全存在的问题

1. 火灾隐患多

农村的房屋防火间距不足，且房屋材料的耐火等级低，根据统计，大部分房屋的耐火等级属于三级或四级，等级不足，并且建筑材料大多是具有可燃性的砖木结构；房屋建设过程中的防火消防规划不合理，不能严格按照国家防火技术要求设计和施工，房屋之间的防火距离不足直接导致火灾发生时的火灾蔓延问题。

农村目前仍存在使用原始的用火方式，农村大部分居民使用明火问题突出，尤其体现在做饭和取暖等方面，加大了火灾爆发的隐患。

农村用电火灾隐患较大。随着农村经济的发展，农民的收入不断提高，家用电器设备越来越多，而电线等线路问题不能及时更换，加速了老化现象，因此电路超载和短路等问题引发的火灾事故日益增多。

2. 农村消防基础设施建设滞后

1）农村消防道路不规范

根据调查和火灾出警实际反馈，相当一部分地区的农村道路交通不便，消防通道不规范问题十分普遍，这严重阻碍了火灭发生时的消防车顺利入场。道路交通问题主要是：消防道路的宽度不足，致使消防车无法进入；消防道路的转弯半径不足阻碍消防车无法正常转弯进入；消防道路上存在杂物，如柴禾等，影响正常通行；回车场地偏小，消防车只能倒车。

2）农村消防通信建设滞后

我国通信业在全国的普及极大地改善了偏远地区的农村通信问题，固定电话和移动电话逐渐在农村地区普及，但是部分地区的农村消防通信建设仍滞后于其他地区，公用电话和移动电话的数量偏少。

3）农村自行灭火综合能力不足

由于农村失火的第一发现人和救火团体是农民群众，因此火灾初期的自行灭火尤为重要。但是由于部分青壮年外出工作，留守农村的老人和妇女劳动力量不足，在火灾发生初期很难形成有效的自行灭火力量。

3. 消防监督检查和整改不力

目前来看，农村的基层组织，尤其是基层派出所承担了农村消防安全检查和监督，甚至整改的大部分工作内容，村委会督促，派出所负责落实。由于基层派出所的工作较为烦琐，工作量巨大，因此在农村消防的监督检查上很难做到到边到位，尤其是偏远农村的消防检查和整改上更显得力不从心。由于村委会缺乏相关的行政能力，在督促农村消防安全隐患整改上也力度不足，对一次火灾隐患不能及时解决处理，长期下去火灾隐患不断堆积，加大了火灾发生的可能。

4. 农村消防安全宣传欠缺

在农村，村民的消防知识、常识缺乏，消防安全观念不强，意识淡薄，大部分人对《消防法》《消防检查监督管理规定》等一无所知。相关的基层派出所、消防机构和村委会等都不能及时对农村群众进行消防安全知识教育，在消防安全的宣传上显得停留于表面形式，对预防农村火灾没有起到有效的群众路线作用。

二、农村消防安全规划设计

1. 消防规划

居住区用地宜选择在生产区常年主导风向的上风向或侧风向，生产区用地宜选择在村镇的一侧或边缘。打谷场和易燃、可燃材料堆场，宜布置在村庄的边缘并靠近水源的地方。打谷场的面积不宜大于 2000m^2，打谷场之间及其与建筑物的防火间距，应不小于 25m。林区的村庄和企、事业单位，距成片林边缘的防火安全距离宜不小于 300m。农贸市场不宜布置在影剧院、学校、医院、幼儿园等场所的主要出入口处和影响消防车通行的地段，并与化学危险品生产建筑的防火间距不小于 50m。汽车、大型拖拉机车库宜集中布置，宜单独建在村庄的边缘。

村庄各类建筑的设计和建造应符合《农村防火规范》(GBJ 50039—2010) 的有关规定。

2. 建筑防火

平原、山地农村在新建、改建、扩建建筑物时，应严格执行《村镇建筑设计防火规范》，农户自行建造的住宅应由村民委员会负责建筑防火方面的技术指导。乡镇国土资源部门在审批农户宅基地时应注意避免农户宅基地坐落在山林、树林、稻谷场等有大量可燃物堆积或存储的位置，已经在其位置的应设置防火墙等防火措施加以改造。农民住宅的建造应在村民委员会的指导下选择靠近自然或人工水源的地段或具备消防车通行条件的道路附近以及其他便于火灾扑救，便于报火警等有利于消防工作的位置。

采用煤气罐、沼气作为生活用火的农村建筑住宅，其位置线路等须经村委会干部指导设计。

3. 消防给水

山地农村以村民组为单位，设置建设可以供全组使用的天然水池，以管道连接通向各农户，可与农村自来水工程同时建设、同时使用。平原农村以村落为基础，建设水塘、水池或水塔等设施，可与生活用水、农用灌溉用水结合利用，以水渠为消防给水的农村要沿渠道安排布置消防机动泵，布置间距按村居实际情况分布，以保证各农户能用到水渠灭火用水为宜。有条件的农村可在道路沿线等适当位置设置室外消火栓。设在自然村的中小学校、幼儿园、文化娱乐场所、养老院、卫生室、商店、村委会驻地及其他公众聚集场所或重要建筑物、构筑物、设施所在地周围应设置可靠的消防给水。

4. 消防车通道

山地、平原农村在修建道路时，必须考虑消防车通行能力，保证消防车通行宽度，道路上设置桥梁、涵洞时，必须考虑消防车承载能力。村庄内的消防车通道要尽可能利用交通道路，当路面宽度不小于 3.5m，转弯半径不小于 8m，穿越门洞、管架、栈桥等障碍物净宽 × 净高不小于 4m × 4m 时的道路即可作为消防车道。消防车道之间的距离，应不超过 160m，应与其他公路相连通。村庄宜设置室外消火栓，室外消火栓沿道路设置，并宜靠近十字路口，其间距宜不大于 120m。消火栓与房屋外墙的距离宜不小于 5m，有困难时可适当减少，但应不小于 1.5m。发生自然灾害或其他事故导致农村道路不可使用时，应保证村民组内有足够水带或消防器材设施。有条件的农村消防车道应保证双车道。

5. 消防通信

山地、平原农村应设置消防通信设施，村民组应设有可供全组村民可视的火警电话标志；村委会驻地应有消防专线电话。发生火灾后应保证村民组组长与村委会干部之间通信畅通。村民组组长应保证所在村民组所有村民知道报告火警的方法和措施。农村广播应能够在发生火灾时起到消防通信的作用。

6. 消防装备

山地、平原农村应设置满足所在农村实际的消防装备。水源充足的村民组应及时配备手抬机动泵，每台机动泵随泵配备水带 50m，水枪 2 支；手抬机动泵宜采用汽油发电机，并由村民中具备摩托车、机动车的村民负责维护保养，机动泵应用于农田灌溉时，应保证其灭火功能不受影响；村委会应配置不少于 1 台的消防摩托车，具体装备配备见表 5-1。

表 5-1　农村消防装备器材配置表

序号	配备单位	器材名称	数量基准
1	村民组	消防机动泵	50 户 / 台
		水带	50m/ 每台机动泵
		水枪	2 支 / 每台机动泵
		消防头盔	100 户 / 只
		消防服	100 户 / 套
		挠钩	30 户 / 支
2	村委会	对讲机	3 台 / 村委会
		消防摩托车	1 辆 /5 个村民组
3	乡（镇）政府	对讲机	5 台 /3 个村委会
		消防摩托车	1 辆 /5 个村
4	公众聚集场所	灭火器	按国家标准配齐
		消防水桶	5 只 /100m^2

7. 消防组织

1）村民组组建的志愿消防队队长宜由村民组长兼任，并应接受过消防专业技术培训。其主要职责是：①每半年安排志愿消防队队员进行 1 次综合性消防训练，消防训练时宜投入所有装备。②负责组织、召集队员，根据队员变动情况及时更新。③对村民组内消防装备器材进行维护保养。④检查本村民组内各种火灾隐患并督促整改。⑤负责本村民组内火灾扑救的指挥等工作。⑥队长每月应向村消防队队长汇报消防工作情况，及时推广先进经验，发现问题及时整改，不断提高本村民组消防工作水平。

2）村委会志愿消防队队长由村委会主任兼任，且应参加消防专业技术培训并持证上岗，队员由本村基干民兵或退伍军人组成。村委会志愿消防队队长、队员应张榜公示。其主要职责是：①每月组织 1 次演习或训练。②主要负责全村火灾统计、扑救指挥、装备器材、队伍管理等工作。③领导各村民组消防队长检查火灾隐患，督促整改。④承担所在村重大文艺演出、集会、重要活动及农村红、白喜事及农村节假日期间的消防安全保卫工作。⑤农业收获季节、森林防火期间及其他火灾事故多发期，队长应组织队员进行防火巡查，及时落实消防工作政策，整改火灾隐患，做好消防宣传教育工作。

3）乡（镇）政府兼职消防干部可由乡政府工作人员兼任，领导全乡消防安全工作。其主要职责是：①指导村委会消防工作。②及时编制农村消防工作教材、宣传材料，做好全乡（镇）的消防安全教育。③负责全乡专、兼职消防人员的教育和培训。④编制适合全乡（镇）的消防技术标准、法规、制度并监督实施。⑤负责全乡（镇）火灾统计、灭火指挥、装备器材、队伍管理等工作。⑥负责全乡消防人员的抚恤、表彰、惩戒等工作。

8. 消防工作管理机制

村民组消防工作的重点是落实消防队员的训练，保证消防队员能熟悉所配备的装备器材，保证本村民组内发生火灾时能得到及时有效的处置。

村委会消防工作的重点是抓好防火监督和隐患整改，并指导各村民组消防工作。在村民组发生较大火灾时迅速出动，能调集较多的灭火作战力量，并能指挥灭火。平时主要是检查督促村民组改善防火条件，落实消防工作责任制，及时整改火灾隐患。

乡（镇）政府消防工作的重点是抓好消防宣传教育和消防装备建设，同时负责消防设施、消防给水、消防通信、消防通道、火灾隐患整改等技术工作的协调和指导，将消防工作纳入本乡统一规划，并指导全乡的消防安全工作。

第五节　乡村防洪、防灾规划设计

在新农村建设中，应该将“防灾型社区”建设融入乡村建设规划，合理安排农村各项建设布局，与村庄建设同步规划、同步进行、同步发展，既保持农村良好的生态环境，避免对自然环境的人为破坏，减轻各类灾害对农村正常经济和社会生活的影响，又从根本上逐步改善农村防灾减灾基础设施条件，提高防灾减灾能力。在防灾减灾的规划中，除了消防规划外还必须严格按照防洪、抗震防灾、防风、防疫和防地质灾害的要求进行统一部署。

一、防洪规划

村庄的防洪建设是整个区域防洪的组成部分，应按国家《防洪标准》（GB 50201—2014）的有关规定，与当地江河流域、农田水利建设、水土保持、绿化造林等规划相结合，统一整治河道，修建堤坝、圩垸等防洪工程设施。位于蓄、滞洪区内的村庄，应根据防洪规划需要修建围村埝（保庄圩）、安全庄台、避水台等就地避洪安全设施，其位置应避开分洪口、主流顶冲和深水区，围村埝（保庄圩）比设计最高水位高1.0～1.5m，安全庄台、避水台比设计最高水位高0.5～1.0m。防洪规划应设置救援系统，包括应急疏散点、医疗救护、物资储备和报警装置等。

二、抗震防灾规划

社会主义新农村村庄建设规划研究调查显示，农民新建住房虽然80%以上是楼房，但其中90%以上的均未进行抗震规范设计，施工质量不高、品位低，不仅浪费了大量人力、物力、财力，影响了环境，而且没有从长期性、根本性上改善农民居住条件。

国家“十一五”规划已把农村的抗震工作列为重点发展工作，在今后的10到20

年，农村的防震减灾工作将成为农村工作的一个重点。要构建和谐社会，实现全面小康，就必须把防震减灾作为国家公共安全的重要内容，动员全社会力量，进一步加强防震减灾能力建设。

在新农村建设中，如何将防震减灾工作纳入整个村镇规划、建设与管理中，已成为重要的问题之一。村庄位于地震基本烈度在6度及6度以上的地区应考虑抗震措施，设立避难场、避难通道，对建筑物进行抗震加固。防震避难场指地震发生时临时疏散和搭建帐篷的空旷场地。广场、公园、绿地、运动场、打谷场等均可兼作疏散场地，疏散场服务半径宜不大于500m，村庄的人均疏散场地宜不小于3m^2。疏散通道用于震时疏散和震后救灾，应以现有的道路骨架网为基础，有条件的村庄还可以结合铁路、高速公路、港口码头等形成完善的疏散体系。

对于公共工程、基础设施、中小学校舍、工业厂房等建筑工程和二层住宅，均应按照现行规范进行抗震设计，对于未经设计的民宅，应采取提高砌块和砌筑砂浆强度等级、设置钢筋混凝土构造柱和圈梁、墙体设置壁柱、墙体内配置水平钢筋或钢筋网片等方法加固。

三、防风减灾规划

村庄选址时应避开与风向一致的谷口、山口等易形成风灾的地段。风灾较严重地区要通过适当改造地形、种植密集型的防风林带等措施对风进行遮挡或疏导风的走向，防止灾害性的风长驱直入，在建筑群体布局时要相对紧凑，避免在村镇外围或空旷地区零星布置住宅，在迎风地段的建筑应力求体形简洁规整，建筑物的长边应与风向平行布置，避免有特别突出的高耸建筑立在低层建筑当中。

易形成台风灾害地区的村庄规划应符合下列规定：第一，滨海地区、岛屿应修建抵御风攀潮冲击的堤坝；第二，确保风后暴雨及时排出，应按国家和省、自治区、直辖市气象部门提供的年登陆台风最大降水量和日最大降水量，统一规划建设排水体系；第三，应建立台风预报信息网，配备医疗和救援设施。

易形成风灾地区瓦屋面不得干铺干挂，屋面角部、檐口、电视天线、太阳能设施以及遮阳板、广告牌等凸出构件要进行加固处理。

四、防疫

村庄布局要便于疫情发生时的防护和封闭隔离，过境交通不得穿越村庄，现状已穿越的应结合道路交通规划，尽早迁出，村庄对外出口不宜多于3个。村庄的村民中心、学校、幼儿园、敬老院等建筑在疫情发生时可作为隔离和救助用房，建设时与住宅建筑间距应在4m以上。规模养殖项目应远离村庄或建在村庄外围，建在村庄外围的与村庄之间要有10m以上的绿化隔离带。

第六节　乡村治安防控规划设计

当前，我国城市治安防控体系建设成效显著，但乡村治安防控体系建设却相对滞后。在“大智移云”（大数据、智能化、移动互联网和云计算）时代和乡村振兴战略实施的背景下，我国亟须构建现代化乡村治安防控体系，提升乡村治理效能，打造平安乡村。对乡村治安防控进行规划，就是要改变过去那种“治安基本靠狗”的乡村治安防控模式，运用当今的防控手段，在乡村中布下“电子天网”，提高治安防控空能力。

一、新时代建设现代化乡村治安防控体系的重要意义

建设现代化乡村治安防控体系是贯彻落实党的十九大精神的重要体现。党的十九大报告明确指出，要“打造共建共治共享的社会治理格局”“加快社会治安防控体系建设，依法打击和惩治黄赌毒黑拐骗等违法犯罪活动，保护人民人身权、财产权、人格权”，明确了新时代社会治安综合治理工作的重要内容。

建设现代化乡村治安防控体系是平安乡村建设的重要保障。新时代，我国社会主要矛盾发生变化，人民对美好生活的需求日益广泛与多样，对安全方面有了更高的要求。平安乡村建设是党和政府推行的一项长期性重点工作，而现代化乡村治安防控体系利用现代技术工具以及手段，最大限度地克服自然、社会因素的限制，具有震慑和预警作用，能够减少乡村治安事件的发生，增强人民群众的安全感。

建设现代化乡村治安防控体系是提升乡村治理效能的必然要求。乡村治理体系作为国家治理体系的重要组成部分，其成效直接关系到国家治理体系和治理能力现代化的实现程度。此外，“治理有效”是乡村振兴战略的总要求，是乡村振兴与否的重要衡量标准。因此，乡村治理必须要适应与解决现实问题。而建设现代化乡村治安防控体系能够有效解决乡村治安问题，对提升乡村治理效能有着重要的意义和深远的影响。

二、规划现代化的乡村治安防控体系

第一，完善乡村治安防控体系的基础设施。乡村治安防控体系的基础设施可以分为硬件层、信息数据层以及网络层。硬件层是构建乡村治安防控体系最基本的要素，基本硬件设施包括电网、宽带、交换机、智能终端、传感器、监由器、同轴电缆等。这些基础设备的有效链接与运行，构成了乡村治安防控体系的物质基础。信息数据层是对信息数据的收集、处理、分析和应用。将监控探头、音频视频采集器、治安管理信息采集终端、各种信息采集仪等末梢化数据采集设备接入互联网，能够把信息传入

数据库，进行实时监控。网络层的主要功能是通过基础网络设施对相关信息进行输入和输出，包括移动警务网、信息采集网、视频物联网、移动应用等。应综合智能手机的特性，借助现代技术进行乡村治安防控知识宣传、末梢化信息采集，提高乡村治安防控能力。

第二，构建乡村治安防控体系应用平台。应用平台应根据乡村治安状况和需求合理设计，一般由智能指挥、办公、监控三个运行环节、多个运行平台和运行系统构成。智能指挥是治安防控的中枢，其通过各个工作平台获取所需信息，进行精确研判，形成高效智能的值班体系。智能办公平台能够集工作信息流转、加工、使用于一体，使各个应用子系统有效连接，实现日常工作的高效处理。智能监控是智能指挥和智能办公有效运转的保障。运行平台主要包括智能基础管理平台、智能情报分析平台、智能影像应用平台、智能轨迹管控平台、智能手段应用平台等。通过对各个平台的综合应用，能够实现乡村治安的高效发展。

第三，健全乡村治安防控体系相关保障机制。保障机制建设是乡村治安防控体系建设的环境因素与建设条件。乡村治安防控体系建设是一项系统性工程，涉及内外诸多因素，因此建设现代化的乡村治安防控体系不仅需要现代技术，也需要法律制度、人才供应、财政支撑、配套机制等方面的保障。

第四，发挥公安机关主力军作用，公安机关作为平安乡村建设的主力军，必须准确把握乡村的现实情况以及犯罪的新特点，加大乡村治安防控力度，将现代信息技术融入乡村治安防控体系建设，全面聚焦资源整合共享、源头基础管控、整体合成作战等关键环节，努力推动乡村治安防控体系转型升级，不断提高乡村治安能力以及水平。

第七节　乡村公共服务设施规划设计

长期以来，中国的城镇规划只注重了对城市的规划，对农村的规划编制比较薄弱，而对农村公共服务设施体系的建设更是缺乏系统性研究与实践，使得农村地区的公共服务水平与城市有明显差距。

城乡差距在很大程度上源于城乡基本公共服务的差距。近几年，城乡统筹战略的提出加快了农村地区公共服务设施建设，促进了城乡公共服务均等化，在缩小城乡差距方面发挥了重大的作用，同时也是当前改善农村生产和生活环境最直接的途径。

一、农村公共服务设施建设现状及存在问题

目前全国农村公共服务设施的现状比较落后，公共服务的基本供给远远不能满足农民日常生产生活的需要。其主要表现在以下几方面：

1. 农民最基本、最急需的基本公共服务设施保障不足

基本公共服务的供给是缩小城乡差距、改善农村居民生存状态和生活水平的重要途径。但是目前农民最关心、最基本、最急需的基本公共服务的供给建设滞后，保障不足。看病难、看病贵问题，子女上学难、费用高问题是农民最期望解决的基本公共服务，同时农民在养老、就业等公共服务方面同样具有较高的需求度。

2. 农村公共服务设施之间缺乏协调

农村公共服务设施的配置大部分没有经过统一规划，建设的随意性比较大。不同公共服务设施过度分散建设造成空间上的支离破碎和用地的浪费；同类公共服务设施由于各行政主体和部门对建设的方式、时间和使用等问题意见不统一，造成重复建设，资源浪费。

3. 农村公共服务设施供给不足

农村公共服务供给总量不足，基础设施比较薄弱，医疗、教育、文体设施等公共服务水平相对偏低，部分农村居民，尤其是农村贫困群体难以获得基本的公共服务。另外，长期以来我国城乡社会保障制度处于分割状态，农村社会保障性项目建设亟待加强。城乡公共服务设施差距主要表现为：

1）医疗卫生资源水平较低。拥有全国人口近 70% 的农村仅享用了约 20% 的医疗卫生资源，农村每千人拥有的医院病床数约是城市的 1/6，卫生技术人员数是城市的 1/4。

2）城乡教学设施差距较大。第三次全国农业普查共调查了 31925 个乡镇，596450 个村的基础教育设施调查显示，2016 年年末，全国仅有 32.3% 的村有幼儿园、托儿所，有中小学的村更是少之又少。

3）基层文化体育设施缺差大，布局不合理。2016 年年末，全国 59.2% 的村有体育健身场所，41.3% 的村有农民业余文化组织。

4）社会保障方面，农村敬老院建设进展缓慢。农村社会保障制度建设尚处于起步阶段，农村居民保障水平远低于城市居民。农村养老保障体系建设滞后，一是覆盖面窄，二是水平较低。

4. 农村公共服务设施配置区域不平衡

东部地区城镇化水平高，城镇较为密集，交通也较为发达，依托小城镇公共服务设施建设基本能满足对乡村地区的服务。但中西部地区，城镇化水平低，城镇较为稀

疏，人均享有资源明显匮乏。

5. 农村公共服务设施建设标准的问题

多年来，国家公共服务设施仅对城市居住区及其建设有相关的规范标准和管理要求，而关于农村公共服务设施建设标准方面缺项，没有具体提出对农村公共服务设施建设的规划及配置要求。

二、农村公共服务设施建设现状的原因

造成农村公共服务供给现状与城镇差距之大的原因是复杂的、多方面的。

1. 历史原因

长期以来我国存在着重城镇轻农村的思想以及由此产生的二元经济结构，使得财政资金更多地投向城市和工业的发展，而忽略了农村经济建设和农村公共物品的提供，缺乏城乡统筹、系统协调的公共服务设施建设规划。

2. 投资主体单一，投资不足

农村公共服务设施属于公共物品的范畴，在消费上的非排他性和非竞争性使得它区别于一般的私人物品，如果由私人投资会导致供给的缺失或消费的闲置与不足，因而长期以来农村公共服务设施就被当成了“福利品”，政府几乎成了唯一的投资者。然而，政府拨款毕竟是有限的，没有能力来承担并供给全部的公共设施和服务。

3. 相关规范和标准指导不足

对农村公共服务设施规划指导方面的规范标准存在欠缺，对建设农村公共服务设施的指导不够具体。相关规范的不足使得农村在公共服务设施建设中缺乏依据，对农村公共服务设施要建什么、怎么建都不明确。

三、城乡统筹背景下的农村公共服务设施规划建设

由于城乡的地区差异和面临问题的不同，对于农村地区的公共设施规划的方法也有所差异。根据统筹城乡公共服务设施建设，推进城乡基本公共服务均等化的要求，制定适宜农村地区特点的公共设施规划模式。

1. 农村公共服务设施规划原则

1）以城带乡，统筹发展原则。将农村公共服务设施规划纳入村庄规划的一部分，统筹协调并充分利用城市设施资源，差别配置，实现资源的共享和综合利用，以实现城乡公共服务设施的一体化。

2）远近兼顾原则。既要考虑近期需求，又要充分考虑到人口老龄化和城镇化的长期发展趋势，适应农村地区未来人口分布变化。

3）以人为本原则。从实际出发，帮助农民改善农村最基本、最基础、最急需的

公共服务设施项目。公共服务设施布局应与城乡居民点布局、城乡交通体系规划相衔接，尽可能贴近农民，生活便捷，共享方便，为创造良好人居环境和构建和谐社会创造条件。

4）因地制宜原则。不同类型的村庄，应结合自身周边的建设情况采用不同的设置标准。

5）集中布置原则。农村公共服务设施应尽量布置在村民居住相对集中的地方，同时考虑到公共服务设施项目之间的互补性，应将各类设施尽量集中布置。如文化体育设施、行政管理设施可适当结合村的公共绿地和公共广场进行集中布置，从而形成村公共中心，也为村民的休闲、娱乐、体育锻炼、交流等各方面的需求提供便利。

2. 农村公共服务设施规划布局

公共服务设施应结合村庄性质、规模、经济社会发展水平及周边条件等实际情况配署。

1）对于人口密集、交通便捷的东部地区，村庄公共服务设施可结合镇（乡）基础设施配置，公共服务设施规模可适度降低。

2）人口密度较低、较为分散的西部地区，村庄可能承担较多的服务职能，公共服务设施规模可适度扩大。

3）村庄公共服务设施布局主要可以分为集中式和分散式两种形式。通常村庄的人口和用地规模都较小，但需要配置的类型却不能少，因此，为集约用地，方便实用，各类公共设施应根据村庄总体布局，尽可能采用集中式布局，形成村庄公共活动中心；只有不适合与其他设施合建的或者服务半径太大的时候，才采用分散布局的方式，分散式布局应结合村庄主要道路形成街市。农村新的居民点布局应采用集中布置形式。结合居民点的具体布置情况及所辐射区域的服务人口进行公共服务设施配置。

第八节　乡村文化规划设计

新农村建设，规划是龙头。新农村的建设规划涉及经济、文化、教育、卫生、生态等诸多领域，是一项正在发展的综合性的、实践性很强的系统工程。

建设社会主义新农村不单纯是一个经济问题，我们还必须高度重视新农村的文化规划和建设问题。农村文化是社会主义文化的重要组成部分，是农村经济全面发展的支撑因素。社会主义文化建设是社会主义新农村建设的重要内容和重要保证。加强新农村文化建设，是全面建设小康社会的内在要求，是树立和落实科学发展观、构建社会主义和谐社会的重要内容。

如果说经济、环境等要素是新农村建设的“硬实力”，那么文化则是新农村建设的

“软实力”。它具有凝聚、整合、同化、规范农民群体行为和心理的功能，对广大农民的思想意识、价值取向和行为习惯发挥着广泛而持久的影响。

就新农村建设而言，文化具有其他社会要素无法取代的作用。社会主义现代化建设新时期提出的社会主义新农村建设，其“新”更多地体现在它的文化内涵和文化诉求上。

建设新农村，重要的是在于农村基层政权组织和广大农民能够在加快经济发展、改善自然和社会环境的同时，建立起一种适合于新农村建设的文化观念。一旦这种文化观念能够形成并深入人心，就能够在思维方式和行为习惯的层面上发挥其广泛、稳定和持久的影响。

加强新农村文化建设，繁荣发展农村文化，能够活跃农民群众生活，提高农民整体素质，破除保守习气，克服传统观念，对增强农村的综合实力，保证新农村经济建设沿着社会主义方向健康发展，及全面建设小康社会、构建社会主义和谐社会有重要意义。

一、农村文化建设现状

改革开放以来，新农村建设在我国特色社会主义伟大事业中占据重要地位。社会主义新农村建设的步伐虽然加快了，但发展并不平衡。虽然我国农业生产和农村经济获得了巨大发展，农民温饱问题基本解决，但农村文化建设却相对滞后，在相当一部分农村，农民文化生活贫乏，看书难、看戏难、看电影难、收听收看广播电视难等问题不同程度地存在。

在现阶段新形势下的新农村建设过程中，比较明显的一个现象就是“推土机式”的旧村改造，而实际的改造过程大部分仅仅是局限于物质空间的改造过程，在制度、文化层面的转型和改造则没有这么推土机式的一蹴而就，而是进展缓慢，没有突破，对文化的发展规划缺乏系统、科学、成熟的理论指导和经验借鉴，具体的乡村文化建设和规划方面，还只是流于倡议和口号。

文化规划是城市和社区发展中对文化资源战略性以及整体性的运用。其一为战略性，指文化规划是城市和社区战略性发展中不可缺少的一部分，它不仅仅同物质环境的规划相联系，同时也同经济与产业发展目标、社会公正、娱乐休闲规划、住宅和公共领域相联系。为达成长期的发展目标，众多的团体要进行广泛而深入的协商和合作，并且制定不同时间阶段的目标以分期实现。其二为整体性，指文化规划是各种规划中一个不可分割的部分，它是对于城市生活的整体安排，因而它应当从开始就介入城市或社区的规划中，与其他领域的规划合作，以促成城市的整体发展。在农村经济社会发展中，在文化规划和建设存在的这些问题主要是思想理念和实践过程这两个方面的误区。

1. 重物质文明建设、轻精神文明建设的思想现象仍旧相当普遍。认为发展经济是挣钱，而发展文化则是花钱，不少农村基层组织、村委会甚至农民，对中央文件理解片面，以为只要抓修路、抓建房、抓硬件建设就是抓住了主要矛盾，其他则可放在次要位置。没有把思想教育、开展文化建设放在突出位置加以全盘考虑。这就偏离了中央文件的要求，进而导致农村文化设施（如文化站、图书室、娱乐活动场所等）建设的力度小，经费投入少，农村文化活动难以开展。

2. 实践过程中，社会主义新农村文化建设缺乏长远打算和整体规划。在部署工作时倾向于只讲经济建设、考核工作时偏重经济指标，解决问题倾向于依赖经济手段，忽视思想宣传工作的重要性。由于政府文化建设职能缺位，造成农村文化建设投入明显不足，以致农村文化基础设施落后、农村公共文化机构运转存在较大困难、农村的文化产品和文化服务供给不足。

1）一些地方没有将农村文化建设纳入当地经济和社会发展总体规划，纳入各级政府财政预算，因此不能充分保证对农村文化经费的投入，及时落实国家扶持公益文化事业的各项政策，致使农村文化建设出现了急功近利、群龙无首的混乱局面。加强农村文化建设，不仅是用先进文化占领农村阵地的需要，也是满足农民求知、求乐、求富的需要，更是提高竞争力、发展地方经济、加快农村全面建设小康社会进程的需要。

2）对优秀传统文化继承得不多，社会主义先进文化教育开展得不够。在广大农村地区，尤其是一些偏远的地区，农民虽然手中有了钱，但由于缺乏正确的引导，各种不和谐的问题日益增多。如封建迷信沉渣泛起，农村教育落后不仅导致农民科学文化素质低下，还引发了农民文化修养不高、思想保守落后、生活方式陈旧，同时使不良社会风气蔓延。

二、农村文化建设规划分析

“三农”问题的核心是农民问题，农民是新农村建设的主体。农民的科学文化和思想道德素质的高低，对新时期社会主义新农村建设成败至关重要。建设社会主义新农村要想实现十六届五中全会对新农村建设提出的“生产发展、生活宽裕、乡风文明、村容整洁、管理民主”的美好蓝图，都离不开新文化这个大背景，离不开新农民这个新主体。

新农村建设要想实现全面小康，不仅仅指物质上的新农村经济发展、基础设施改善的小康，更是指要在增加农民收入、促进农村经济发展的基础上一方面培育新农民，就是要加强基础教育和职业培训，推进农村科技推广和医疗卫生体系等，造就“有文化、懂技术、会经营、讲文明、守法纪”的新型农民；另一方面树立新风尚，就是要加强和完善农村民主法制建设，创造和谐的发展环境，倡导新风尚。我们必须全面理解和把握社会主义新农村之“新”的内涵，切实做好“新”的文章。

按照农村文化建设从属于社会主义新农村建设大局，服从和服务于社会主义新农村建设的总目标、总要求的原则，农村文化建设的核心内容是：围绕由传统农业向现代农业、由传统农村向现代农村转变的需求，培养一代具有较高思想道德素质、文化科技素养和专业职业技能的新型农民，主要是做好以下几个方面。

1. 农村要进行文化规划，要为新时期农村文化建设提供制度和组织保证。当今，文化规划不仅强调城市的文化规划问题，也强调和突出文化规划在新农村建设的重要性，城乡一体化。这就要求无论是国家还是地方政府、农村基层组织，要对文化的重要性进行科学的认识，对地方文化的发展进行规划，不能简单笼统的一笔带过，要专门组织力量对当地文化资源进行评估和调查，进而制订符合本地实际情况的文化规划。

同时，要充分认识和发挥文化所具有的培育时代精神、体现人文关怀、实现文化权益、促进文化提高、实现人的全面发展方面的独特功能，把文化建设纳入与政治建设、经济建设、社会建设协调共进的整体进程。各级党委和政府对加强农村文化建设负有重要责任，要把农村文化建设纳入各级党委和政府的重要议事日程，纳入经济和社会发展规划，纳入财政预算，纳入扶贫攻坚计划，纳入干部晋升考核指标，纳入“创建文化先进县（市）、文化先进乡镇和创建文明村镇等相关评价体系”，确保新农村文化建设各项目标任务的实现。要建立健全农村文化建设目标责任制和基层文化单位的评价机制，推动农村文化建设的法治化、规范化和制度化。

2. 加大对发展农村文化的政策倾斜和投入力度，“输血”投入与“造血”投入相结合。

1）加大文化资源向农村的倾斜，合理配置文化资源，逐步增加农村服务的资源总量。《国家“十一五”时期文化发展规划纲要》主要是强调加大报刊和广电系统对农村和农业报道的分量；加大对农村题材重点选题的资助力度，把农村题材纳入舞台艺术生产、电影、广播剧和电视剧制作、各类书刊和音像制品出版计划，保证农村题材文艺作品在出品总量中占一定比率；加强“三农”读物出版工作，开发出版适合农村经济社会发展，农民买得起、看得懂、用得上的音像制品和图书等各类出版物以及地方图书馆、图书室的建设等内容。

2）加大对文化事业的资金投入。近几年来，中央和地方文化事业投入不断增加，但客观地讲，与教育、卫生等社会事业部门相比，文化事业经费投入还是明显偏少，农村文化投入所占比率就更低了。农民群众开展文化活动必须借助文化设施这个载体。

因此，要繁荣发展农村文化就必须加强农村文化基础设施建设。《国家“十一五”时期文化发展规划纲要》指出：“扩大公共财政覆盖农村的范围，保证一定数量的中央财政转移支付资金用于乡镇和村的文化建设，文化领域新增加的财政投入应主要用于农村。政府要保证文化馆（站）开展业务必需的经费、基层公共图书馆购书经费、广播电视发射转播台正常运转必需的经费、广播电视‘村村通’运行维护经费和农村电影放映补助经费。建立健全基层文化单位的评价体系，将服务农村、服务农民作为基层文化单位工作的重要考核内容。”各级政府应将农村的文化基础设施建设纳入财政预算的范围之内，做到专款专用。尤其要搞好村镇一级的综合文化站、文化活动站、村图书室等文化基础设施的建设，为广大农民提供应有的文化活动场所。要通过各种形式，积极探索农村公益文化社会办的新办法、新路子。壮大集体经济，发展第二、三产业，才有能力配合各级政府的规划和财政的投入，共同做好农村地区公共基础设施建设，农村文化建设也才有长足发展的保障。

3）“送文化”与“种文化”相结合，“送文化”的目的在于“种文化”，能够在农村生根发芽。

其实送演出、送戏、送书、送电影、送科技，在很多时候对农民来说都是一种“喂食”式的帮助，你送什么，农民就接收什么，从文化的表现形式到产品种类，选择余地都不大，针对性不强，时间长了，农民参与文化建设的热情也就不高了。尤其是对那些走出过家门、见过世面的年轻农民来说，送到乡下的文化太不解渴了。这种蜻蜓点水式的“送文化下乡”已远远不能满足当代农民对文化的需求，对当地农村文化建设也不过是杯水车薪。

历史经验证明，尽管几十年来国家对农村一味地“送文化”花费了不算小的公共资源，但几十年来的努力并没有从根本上改变农村文化的落后面貌。农村的许多文化观念是依靠国家力量从上而下向农村社会强行“植入”的，主要表现为一种精英文化对大众文化的改造和替代，但现实的情况是，这种单靠国家力量从外面强制“植入”乡村社会的精英文化观念，难以在农村社会中植根、发育、开花、结果，是一种“无根”的文化。一旦国家力量从农村社会中撤出，这种“无根”文化就会凋谢。因此，要培养和激励“乡土艺术家”，戏剧、皮影、泥塑、年画、秧歌等民间艺术和乡村生活有着天然的亲和性，培养乡土艺术家，既可以保护大量的民间文化，还可以激发农村自身的文化活力。支持农村文化精英人才的培养，引导地方培养基层文化队伍，通过国家公共财政引导的方式，奖励和补贴农村基层文化带头人。通过国家公共财政引导的方式，建立一支乡土化、农民化和本土化的农村文化精英队伍，使之成为农村文化的承载者和传播者，这是当前农村文化建设的迫切任务。

4）加强农村自身文化建设，丰富、创新农村文化形式和内容。

繁荣发展农村文化在于确保农村文化建设的正确方向的同时，围绕“农”字做文章。服从、服务“三农”是农村文化的出发点和落脚点，其内容必须贴近农村生产生活实际，经常推出一些反映当代农村生活、农民喜闻乐见的文艺精品，组织一些健康向上、具有教育意义的文娱活动。在这些活动中，应充分融入民主、科学、平等、开放、竞争、合作等理念，积极引导广大农民群众崇尚科学，破除迷信，移风易俗，形成文明健康的生活方式和社会风尚。同时，农村的文化产品应该形式多样，应该发展农村特色文化，利用节日和集市，组织开展花会灯谜、文艺演出、书画展览、读书征文、体育健身等群众喜闻乐见的活动，发动群众广泛参与，发掘民族民间文化，打造特色文化品牌。许多地方的民族歌舞、地方戏曲、民间书画、雕塑以及各种民间工艺等，其中不乏有价值的民俗文化和民间艺术，在这些具有特色文化资源的村庄，挖掘、保护和合理利用优秀的传统文化资源，开展展示活动和申报建立特色文化村活动，紧密结合农民脱贫致富的需求，普及先进实用的农业科技知识和卫生保健常识等，寓教于乐，让农民群众在享受文化娱乐中接受教育、感受文明。

5）发展农村特色的文化产业。

加强新农村文化建设，应该发展农村文化产业。从市场发展来看，尽管农村文化市场的经营运作环境和条件还比较差，在对文化产业的理念认识和相关制度建立完善方面存在这样那样的问题，影响着农村文化产业化的进程、发展规模和效益。但是，近年来，随着农民生活水平的提高，一些农村农民自办文化应运而生，农村文化产业是一个全新的、充满活力和有潜力的领域，是市场经济条件下文化发展的重要形态，我们在大力发展农村文化事业的同时，应当积极地发展健康的农村文化产业，发展农村文化产业是新农村建设的一种必然趋势。

近年来，有些农村地区在这方面已做了有益的探索。农村蕴藏着极为丰富的乡土文化资源，应力促传统文化、民间艺术向产业化发展。如乡村旅游、手工艺制造、民间艺术培训、民俗风情演艺、传统节庆活动等，这些都是发展农村文化产业较好的市场切入点。在一些农村文化产业比较发达的地区，还形成了自觉的品牌意识，开始实施特色文化品牌战略，推出了一批文化名镇、名村、名园。总之，农村文化产业发展为解决“三农”问题、增加农民收入、发展先进文化、建设小康社会找到了一条宝贵途径。

第九节　乡村环境规划设计实例：丁山河村拆迁农居安置点市政配套工程

该项目参见图5-1、图5-2。

图 5-1　丁山河村拆迁农居安置点组团鸟瞰图

图 5-2　丁山河村拆迁农居安置点深水透视图

一、消防规划设计

1. 设计依据

《建筑设计防火规范》（GB 50016—2014）（2018 年版）；

《自动喷水灭火系统设计规范》(GB 50084—2017);

《火灾自动报警系统设计规范》(GB 50116—2013);

《汽车库、修车库、停车场设计防火规范》(GB 50067—2014);

以及其他有关规范及标准。

2. 总平面消防设计(图 5-3)

1)地块内的主要建筑均为低层建筑，环形消防道路结合小区道路网设计。

2)主干道宽 7m，次干道宽 4m，满足消防要求。

3)设计在小区西、南、北三个面均设置消防出入口，消防车进入小区道路通畅，紧急情况下可及时疏散。

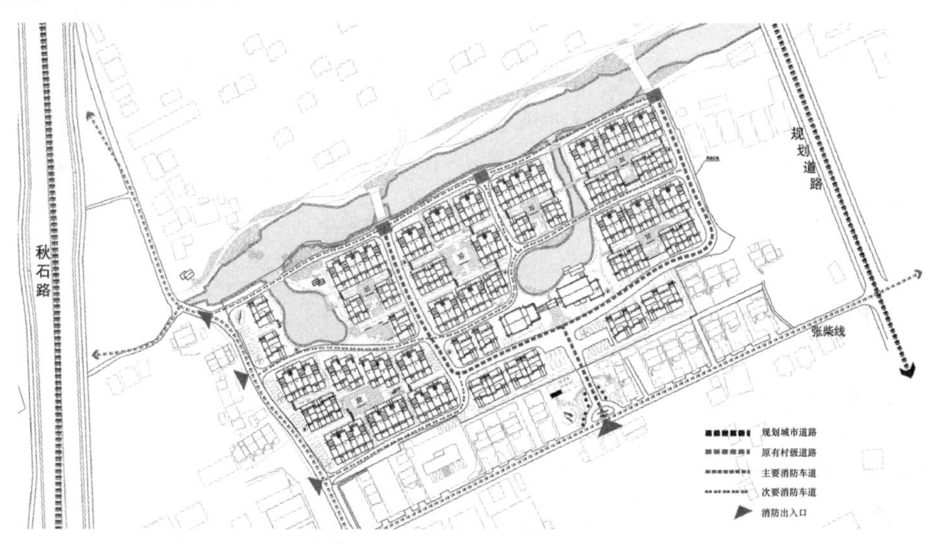

(1) 消防道路结合小区道路网设计，分主、次二级，主车道四周环通，次车道可深入住宅栋间。
(2) 主要道路宽7m，次车道宽4.0m，主次道路宽度及转弯半径均满足消防要求。
(3) 整个小区设置消防通道入口两个以上，消防车进入小区道路通畅，紧急情况下可及时疏散。

图 5-3　丁山河村拆迁农居安置点消防分析图

3. 建筑防火设计

建筑防火分区、疏散距离以及防火距离满足《建筑设计防火规范》要求。

4. 消防给排水

1)依据地块的建筑高度和使用性能、国家有关的消防规范要求，本工程仅设室外消火栓。

2)室外消防：室外消火栓系统采用低压制设计，取用城市自来水作为小区的消防水源，地块内生活给水管和消防给水管合用。

本地块从秋石路市政管网引入一路 DN150 给水管，沿主要道路枝状铺设，供应本社区内室外消防和生活用水。

室外消火栓按小于 120m 间距设置，保护半径不大于 150m。

5. 消防电气

1）本工程为低层住宅建筑及多层公共建筑，消防负荷、应急照明按二级负荷考虑，由两回路电源供电。

2）消防设备（如火灾报警电源、事故照明等）均采用双电源供电，末端自投自复。

3）消防用电设备采用独立的供电回路，其配电设备应设有明显标志，并在发生火灾时切断非消防电源，保证消防设备的正常供电。

4）消防配电干线采用耐火型电缆，沿桥架敷设；配电分支线采用阻燃型BV绝缘导线，穿金属管沿现浇板暗敷，当沿顶棚敷设时，须在金属管壁涂防火涂料保护。

5）火灾事故照明及疏散指示照明楼梯间等设施继续工作用的事故照明；门厅等人员密集场所设暂时继续工作的事故照明；走道、楼梯间等处设有疏散照明和疏散指示标志；火灾应急照明除采用双电源供电末端自投自复外，还设置了适量的带蓄电池作应急电源的照明灯具，且连续供电时间不少于30min。

6. 消防防排烟

本工程所有走道、室内场所均满足自然通风要求。

二、整体景观布局规划设计

该项目整体规则设计参见图5-4～图5-6。

总图布置体现整体性和均好性。规划结构可以概括为“一中心二水塘多院落”。

“一中心”是指结合主入口广场及公共配套用房展开的主景观带，从主要入口一直延伸到地块中心的滨水景观，沿着这条景观带构成了整个小区居民中心公共活动空间。

“二水塘”是指区块内保留下来的两个水塘景观带，沿着这两条景观带形成了居民的公共带形活动空间。

“多院落”是指从小区的整体结构层面上通过景观带和主环路，将整个小区在片的基础上又能系统地划分出若干独立组团院落。

整个小区的户型布局以体现同类型的均好性为原则，双拼及部分多拼户型布置于组团院落中，增强院落的围合感与整体性，独栋户型布置于景观较好的滨水区域，形成一定的层次感。公共配套用房结合入口广场及公共水域布置，形成居住区主要的中心景观带。

总体规划结构上体现了三大特点：布局围合有序、突出中心景观、强化组团空间。

总体布局上采用“杭派民居”组团院落式的空间布局原则，充分考虑建筑和景观的融合，保证中心院落的品质及各组团景观的独特性。

1）行进的乐趣——主入口广场及组团院落景观

地块南侧公建结合入口广场及公共水域布置，形成对景的主入口空间。与内部景观空间之间形成自然的过度体系，内部的庭院将自然、空间的收放变化与景观小品结合，使院落空间充满层次感。

2）辐射网络——景观渗透进每个角落

主体景观带同各组团之间景观及组团院落景观形成网络体系，以主景观带作为辐射源，让景观渗透进每个组团院落，从而使所有住户都能感受到多层次景观带来的丰富景色。

3）内外呼应——景观带和城市绿化景观相互融合

主景观网络体系通过往南和往西延伸的景观轴与城市道路绿化景观相互呼应，达到了内外景观的自然渗透与巧妙融合。

4）变化的统一——丰富的视觉效果

整个小区在设计和营造的过程中，着力进行视觉上的控制，对多种可能性进行详尽考虑。通过对“杭派民居”建筑元素的提取，同时建筑形体的变化，使得每个面，每个角度，每间房子，几栋建筑以及几组景观组团空间的感官变化，都有不一样的视觉效果，并且整体又能呈现出水乡特色的建筑风格。

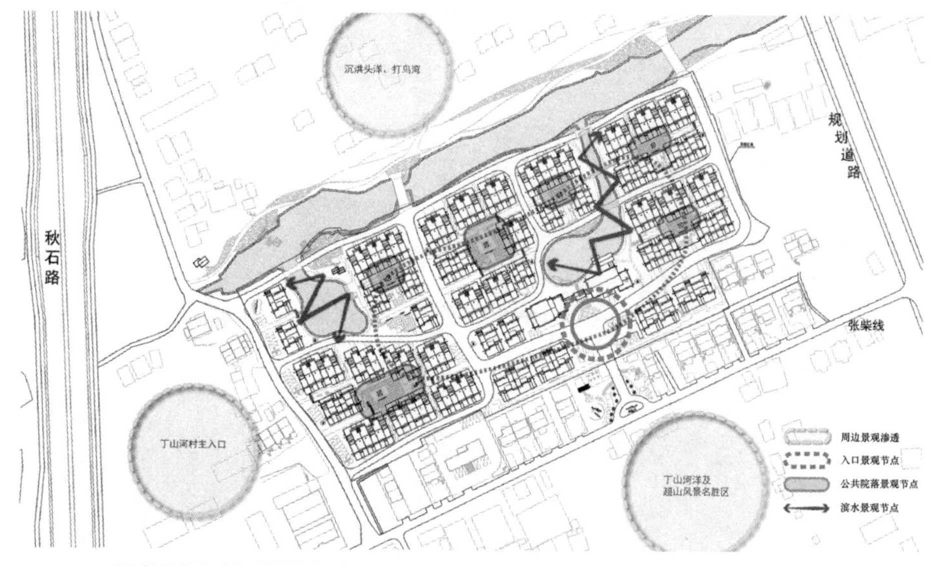

本方案通过巷弄、庭院、步道的设计形成了一系列民居特色的景观环境。通过这样的景观组合，达到步移景迁的公共绿化系统与庭院深深的组团有机组合，最终构筑成可居、可游、可观、可赏的整体空间景观意向。

图 5-4　丁山河村拆迁农居安置点景观分析图

住宅区内的路网设计提炼杭派民居中“曲径通幽”的特色，区内路网布置为蜿蜒自然，配合局部小桥流水的设置，体现江南民居温婉而别致的独特气质。

图 5-5　丁山河村拆迁农居安置点视线分析图

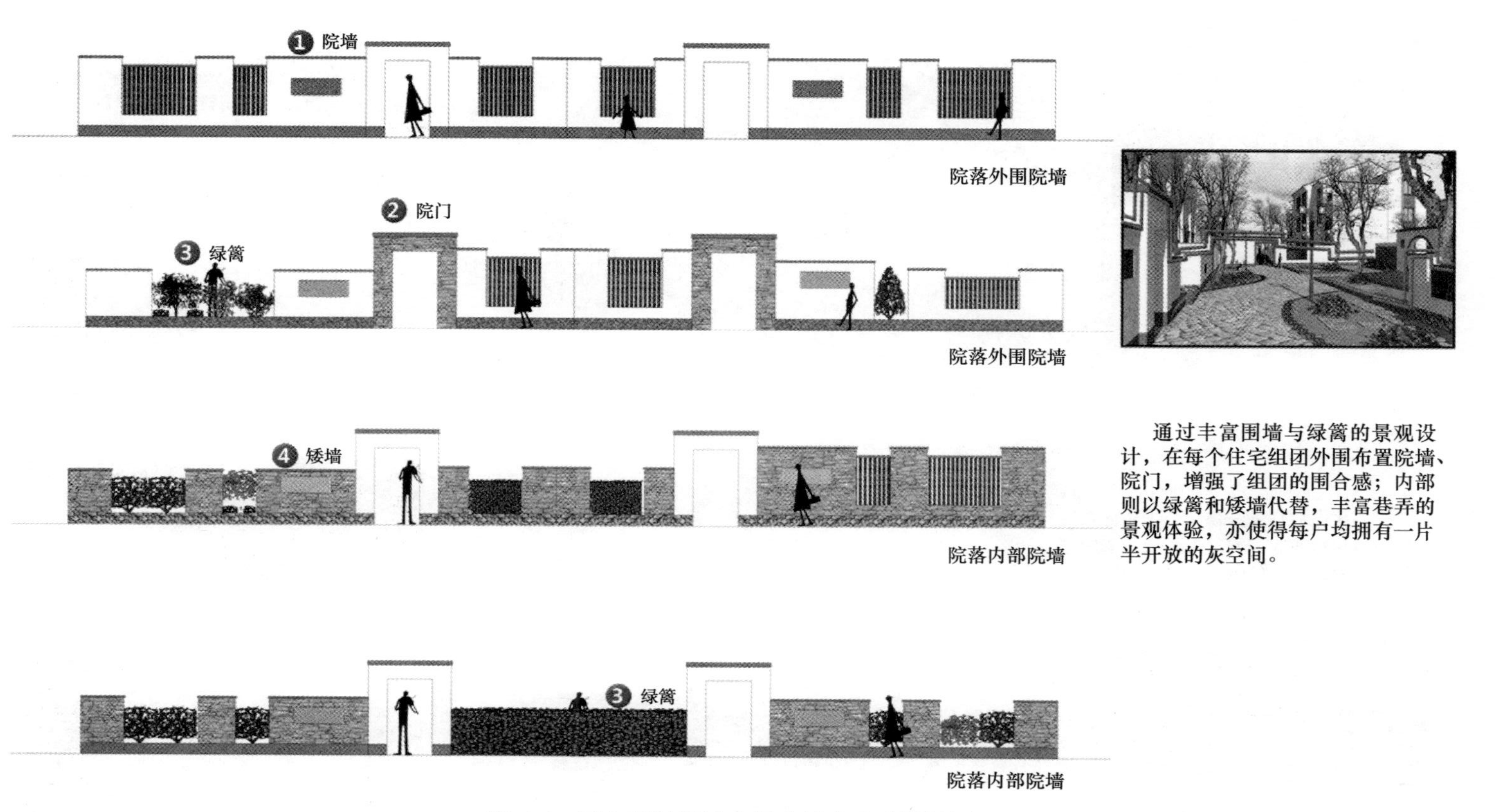

通过丰富围墙与绿篱的景观设计，在每个住宅组团外围布置院墙、院门，增强了组团的围合感；内部则以绿篱和矮墙代替，丰富巷弄的景观体验，亦使得每户均拥有一片半开放的灰空间。

图 5-6　丁山河村拆迁农居安置点庭院设计图

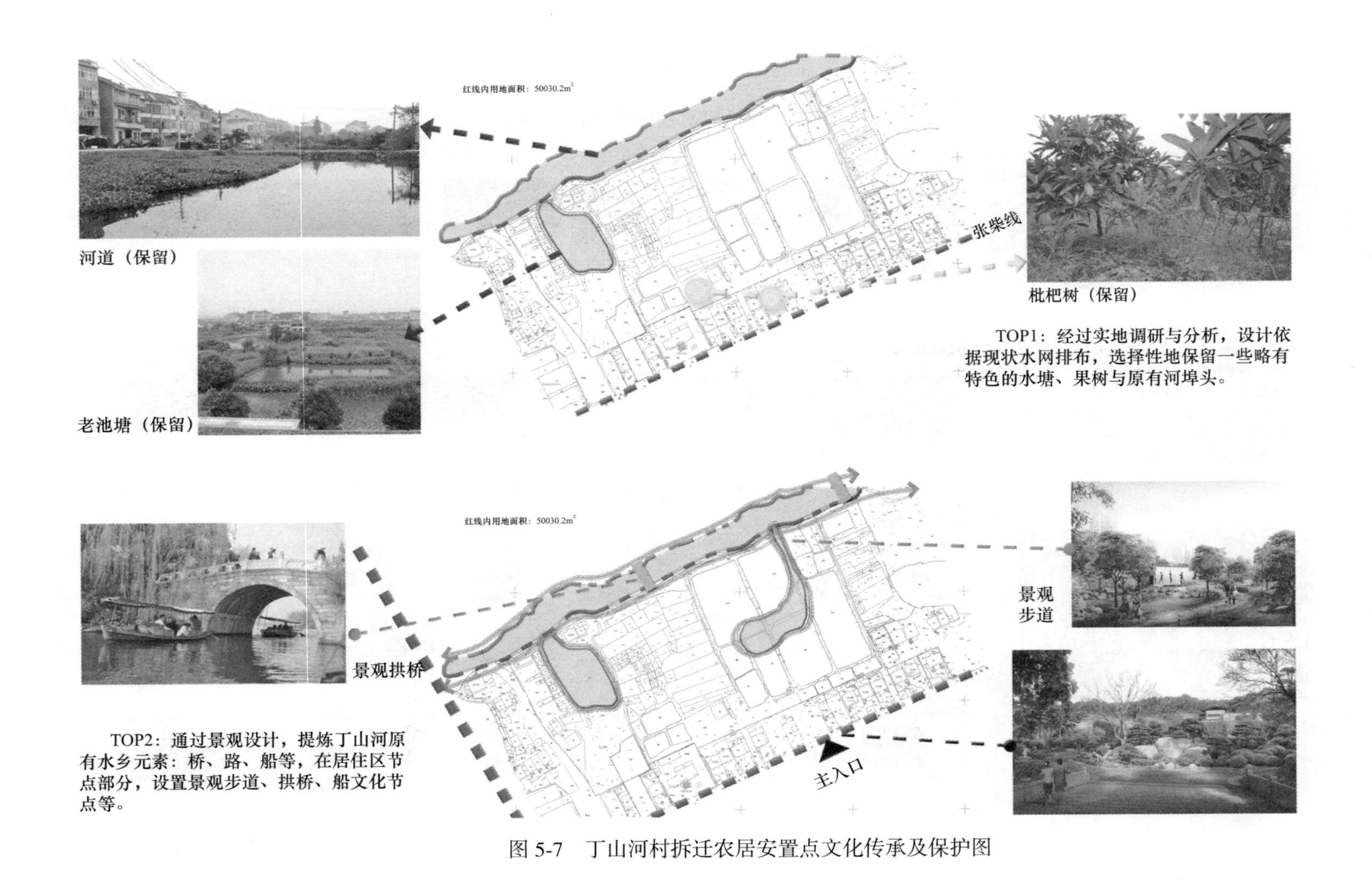

图 5-7　丁山河村拆迁农居安置点文化传承及保护图

三、环境保护与防疫规划设计（图 5-7）

1. 设计依据

《污水综合排放标准》（GB 8978—1996），以及其他国家、地方、行业有关规范及标准。

2. 总平面

1）小区内采用专门垃圾收集点，采用塑料垃圾收集袋。

2）沿城市道路通过合理的绿化布置以减少噪声干扰。

3. 给排水部分

1）卫生防疫专篇

（1）室内冷热水给水管均采用内衬不锈钢复合钢管，避免管道锈蚀污染水源。

（2）公共洗手间洗脸盆采用感应式龙头，小便器采用感应式冲洗阀，避免造成交叉感染隐患。

（3）本工程总水表之后设管道防污染隔断阀，防止红线内给水管网之水倒流污染城市给水。

2）环保专篇

（1）室内住宅部分采用污废分流制（厨房废水立管独立设置），配套公建部分采用污废合流制。室外排水采用雨、污分流制。

（2）生活污水采用二级处理，污水经处理达到国家排放标准后才排至河道。

4. 暖通部分

1）所有运转设备选用低噪声产品，并采取隔声、减振及消声处理。

2）风管道加消声措施。

第十节 乡村环境规划设计实例：东林镇泉益村美丽乡村精品村

一、东林镇泉益村美丽乡村精品村公共设施规划设计

1. 公共设施规划设计

村域公共设施规划分为民生设施和旅游服务设施两类。民生设施主要现状保留为主，有社区服务中心、文化礼堂、社区卫生服务站、荡湾里公园等，规划结合村庄旅游规划新增旅游服务设施，主要有商业综合体、水乡特色渔庄、柳编文化展示馆、柳编教室、渔文化展示馆、乡村大食堂（图 5-8）。

2. 照明工程规划设计

主路路灯：对村庄方形对外通道按 35m 间距单侧布置。

景观灯、村庄内部路灯：规划村庄在广场、景观节点周边设置景观灯，同时，各自然村内部设置路灯。共计 142 盏路灯，服务半径 15m 左右，路灯形式应与村庄环境及风貌相协调（图 5-9）。

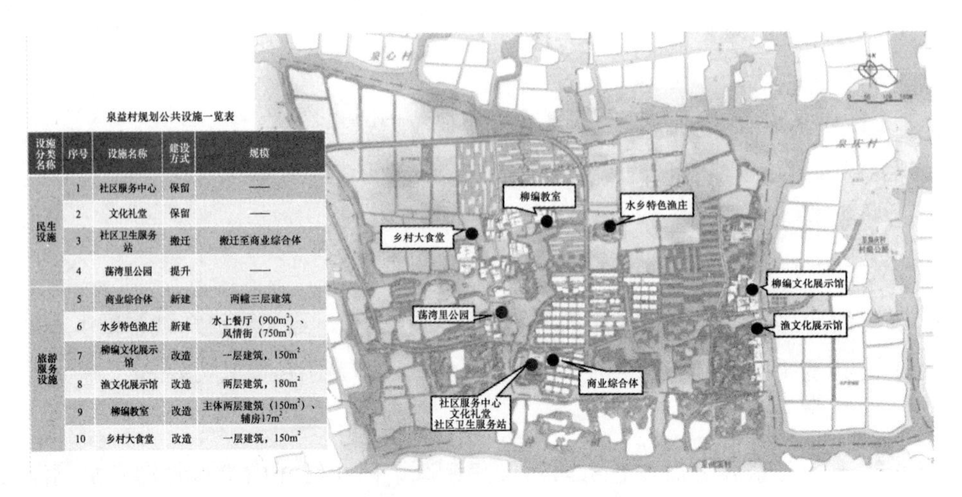

泉益村规划公共设施一览表

设施分类名称	序号	设施名称	建设方式	规模
民生设施	1	社区服务中心	保留	——
	2	文化礼堂	保留	——
	3	社区卫生服务站	搬迁	搬迁至商业综合体
	4	荡湾里公园	提升	——
旅游服务设施	5	商业综合体	新建	两幢三层建筑
	6	水乡特色渔庄	新建	水上餐厅（900m²）、风情街（750m²）
	7	柳编文化展示馆	改造	一层建筑，150m²
	8	渔文化展示馆	改造	两层建筑，180m²
	9	柳编教室	改造	主体两层建筑（150m²）、辅房17m²
	10	乡村大食堂	改造	一层建筑，150m²

图 5-8　东林镇泉益村美丽乡村精品村公共设施规划设计图

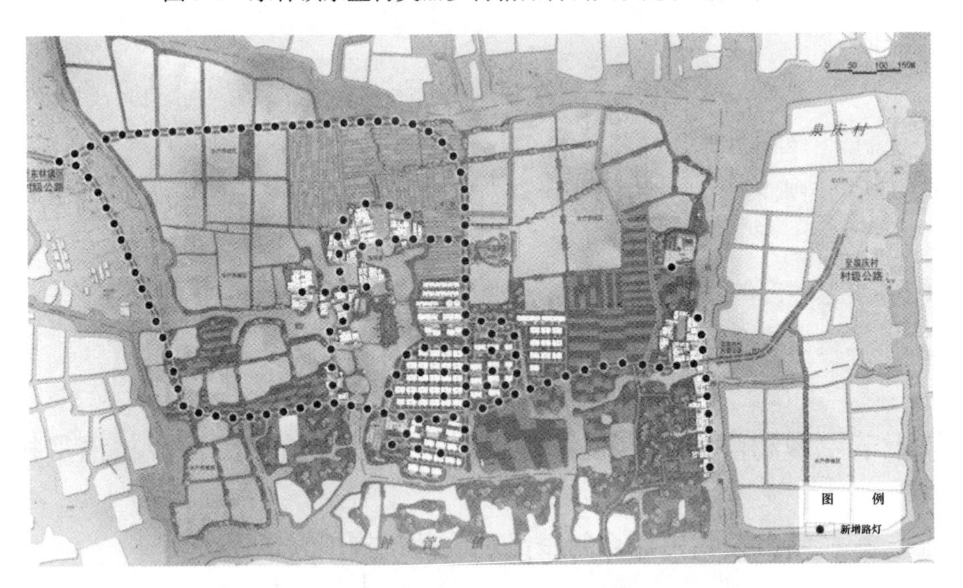

图 5-9　东林镇泉益村美丽乡村精品村新增路灯图

3. 环卫工程规划设计

垃圾收集设施：①按每 10 户配一处垃圾桶设置点，及公建、公园周边需配置垃圾收集点，共配置垃圾收集桶设置点 30 处；底部进行硬化、围挡处理。②实施垃圾分类收集，每处垃圾收集点放置颜色不同，有分类标识的两个垃圾桶分别投放厨余垃圾和其他垃圾。③垃圾收集房按照标准垃圾分类收集房进行建设。④配备保洁人员、清运人员、监管人员，明确管护区域，落实管理责任、筹措管理经费。车辆将垃圾统一运往镇区垃圾中转站，保证垃圾日产日清（图 5-10）。

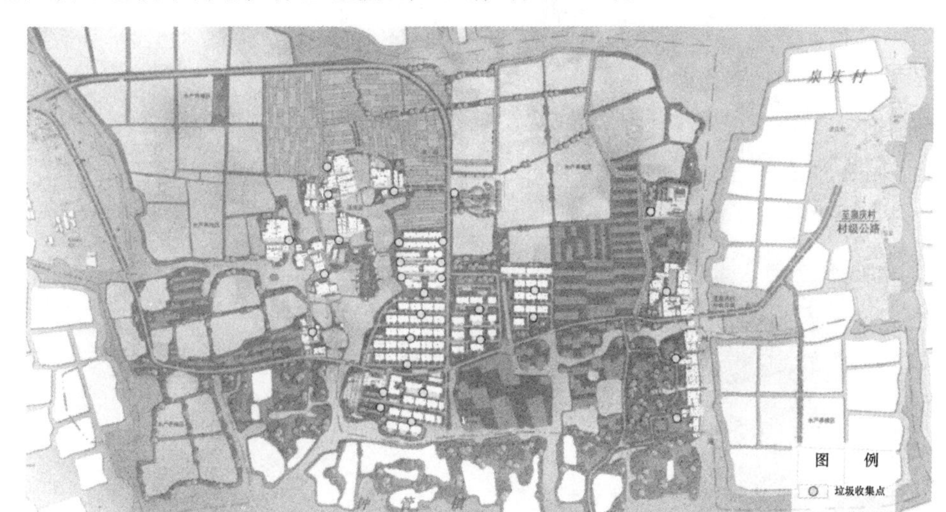

图 5-10　东林镇泉益村美丽乡村精品村垃圾收集点示意图

二、东林镇泉益村美丽乡村精品村重要节点改造规划设计

1. 入口村标改造规划设计

规划在新老进村道路交叉口新建入口村标。村标提取江南水乡建筑中的马头墙及漏窗等元素，粉墙黛瓦、高低错落，整体设计简洁大气又不失地域特色，体现江南水乡的韵味，提升泉益村的入口形象（图 5-11、图 5-12）。

图 5-11　东林镇泉益村美丽乡村精品村现状村口照片

图 5-12　东林镇泉益村美丽乡村精品村村口改造效果图

2. 现状公园提升改造设计

现状荡湾里有一处小公园，规划在此基础进行提升，增加亭和长廊组合，对公园现状绿化进行整理补种，拆除健身器材，打造村民小广场，用水缸进行装饰（图 5-13）。

3. 小桥流水人家改造设计

荡湾里有座小桥，用简易预制板搭建，规划结合周边民居打造小桥流水人家景观节点（图 5-14、图 5-15）。

4. 树屋吊桥规划设计

规划对荡湾里滨水公园进行环形步道环通，贯通水塔北部滨水道路，并利用现状两处香樟林和竹林，打造树屋吊桥设计，沟通滨水步道，形成滨水环线（图 5-16、图 5-17）。

5. 风车粮仓改造规划设计

在荡湾里公园里有一处水塔，规划将其按照现状的形状进行乡土化改造，形成风车粮仓景观（图 5-18、图 5-19）。

6. 瞭望塔规划设计

泉益属于水乡平原地区，全村没有制高点去欣赏花田、水塘、村落等景观，规划在荡湾里北侧，设置瞭望塔，可登高欣赏七彩花田、生态养殖区、荡湾里等村庄风貌（图 5-20）。

7. 泉家潭老轮船码头改造规划设计（图 5-21）

8.“杭班”茶室改造规划设计

定制老“杭班”船只，打造“杭班”茶馆，停靠在泉家潭码头，并恢复曾经码头的船票售票处，带领游客重现三四十年前泉家潭码头乘坐“杭班”的场景。将泉家潭的三座古桥改造成为廊桥（图 5-22）。

图 5-13　东林镇泉益村美丽乡村精品村公园改造效果图

图 5-14　东林镇泉益村美丽乡村精品村现状小桥流水人家照片

图 5-15　东林镇泉益村美丽乡村精品村小桥流水人家改造后效果图

图 5-16　东林镇泉益村美丽乡村精品村树屋吊桥规划图

图 5-17　东林镇泉益村美丽乡村精品村树屋吊桥设计效果图

➢ **改造前**

图 5-18　东林镇泉益村美丽乡村精品村现状水塔照片

图 5-19　东林镇泉益村美丽乡村精品村风车粮仓改造效果图

图 5-20　东林镇泉益村美丽乡村精品村瞭望塔效果图

图 5-21　东林镇泉益村美丽乡村精品村泉家潭老轮船码头改造效果图

图 5-22　东林镇泉益村美丽乡村精品村“杭班”茶室改造效果图

9. 乡村道路改造规划设计

泉庆公路现状道路宽度为 4m 左右，不方便两车交会，且无扩宽空间，规划在村庄北部利用现状塘埂路新建一条 L 形进村道路，直达泉益新村。现状塘埂路边存在乱搭建、占地大、风貌差的临时建筑，道路为 2 ～ 3m 宽的塘埂（泥路），两侧零散地种着几棵小水杉。塘埂路完成改后为沥青路面，长约 1000m，宽度为 7m，两侧种植水杉（图 5-23）。

图 5-23　东林镇泉益村美丽乡村精品村进村主要道路改造效果图

10. 骑行绿道规划设计

在村庄北部贯通一条骑行绿道，与村庄南部的水上游线形成“环村而行、绕水而游”村庄旅游环线。骑行绿道，起点从荡湾里南部入口出发，贯穿荡湾里、七彩花田、特色农庄、村庄北侧河流、生态养殖区，最终到达泉家潭古村落，全程大约1000m，设计宽度为4m。骑行路道路面宜采用乡土材料，与农村风貌相适应。底层泥路压实，上层铺撒瓜子片（图5-24）。

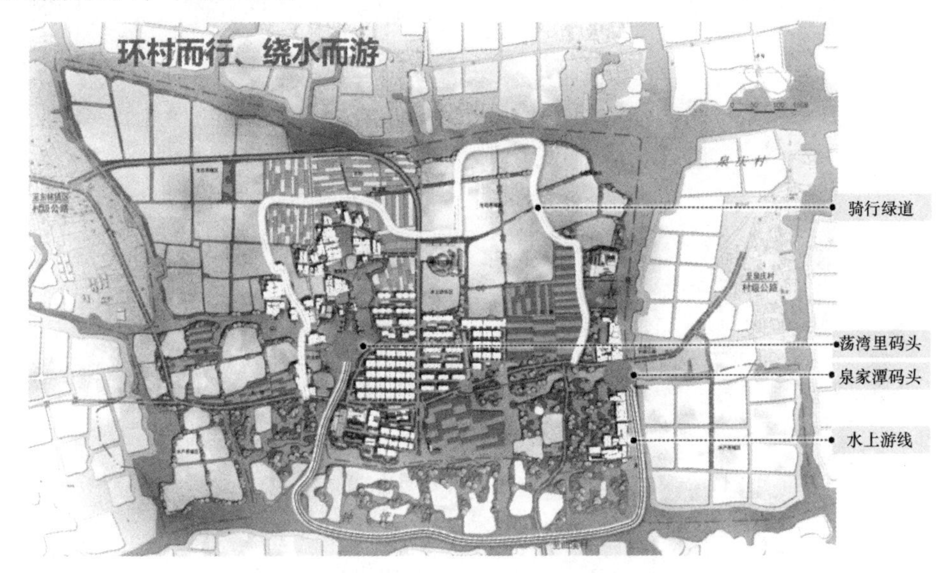

图5-24　东林镇泉益村美丽乡村精品村骑行绿道规划图

绿道两侧种植梨树，春天可以赏梨花，夏天可以进行果实采摘，两侧花田用稻草人装饰点缀，增加秋千等游乐设施（图5-25）。

图5-25　东林镇泉益村美丽乡村精品村骑行绿道周边规划图

11. 美丽庭院改造规划设计（图 5-26 ~ 图 5-30）

图 5-26　东林镇泉益村美丽乡村精品村居民庭院现状

图 5-27　东林镇泉益村美丽乡村精品村居民庭院改造效果图（一）

图 5-28　东林镇泉益村美丽乡村精品村居民庭院改造效果图（二）

图 5-29　东林镇泉益村美丽乡村精品村居民庭院改造效果图（三）

图 5-30　东林镇泉益村美丽乡村精品村居民庭院改造效果图（四）

12. 水系驳岸改造规划设计

现状荡湾里公园在美丽乡村创建中已经完成松木桩生态驳岸，村落中民居基本依水而建，民居周边以及泉家潭临水界面基本为砌石硬质驳岸，规划保留现状生态驳岸，以清理为主。规划通过节点的打造将荡湾里内部水质较差的微笑水体（小池塘）进行塘埂改造，架空建设，将这些微小水体与外部水系进行沟通，改善水质（图 5-31~ 图 5-33）。

图 5-31　驳岸现状

图 5-32　小池塘现状

图 5-33　东林镇泉益村美丽乡村精品村水系驳岸改造效果图

13. 小品绿化规划设计

在景观小品打造上多使用传统老物件，如水缸、瓦罐、石臼、老石板等；多使用乡土材料，如竹子、木头、青砖、块石等（图 5-34）。选用乡土花种：凤仙花、鸡冠花、蜀葵、木槿、牵牛花、紫茉莉、向日葵、油菜花、狗尾巴花、太阳花等（图 5-35）。多使用果树：桃树、梨树、石榴树、柿子树、枇杷树、葡萄等（图 5-36）。

图 5-34　东林镇泉益村美丽乡村精品村老物件、乡土材料

图 5-35　东林镇泉益村美丽乡村精品村乡土花种

图 5-36　东林镇泉益村美丽乡村精品村乡土果树

第六章　乡村历史、传统保护规划设计

第一节　乡村历史环境保护规划设计

一、当前乡村发展中的环境现状

中国经历了近30年的高速发展，城市环境保护已受到高度重视，乡村环境保护需要提到议事日程。乡村环境问题是重要的民生问题，涉及城乡居民生活品质，以及国家食品与生态安全。目前农业与乡村发展中长期的环境问题依然存在，如过度使用农药与化肥、规模化养殖场与工业污染，由此而带来的耕地与水的污染，影响城乡饮用水与食品的安全。

当前，在新农村建设中由于以下原因产生新的环境问题：

（1）生产发展：农业集约化的快速发展和农村生产方式的转变，以及城镇化和工业化对农村生态环境的负面影响，加剧了我国农村环境的恶化。

（2）乡村规模扩大，中心村的建设，人口更为集中。

（3）乡村发展功能变化，乡村旅游带来大量流动游客。

（4）生活方式的改变：大规模进入城市工作的农村居民，需要同城市一样的生活设备与生活方式；随着生活水平的提高和农村经济的发展，农村居民的生活方式也在发展变化。例如冲水式马桶在逐渐普及，生活垃圾中塑料、电子废弃物等成分在增加等，这些都给乡村环境管理带来了新的挑战。

（5）高污染企业的转移：城市发展对环境保护的要求越来越高，污染企业向乡村转移，特别是向中西部地区乡村转移。

以上新问题使乡村人居环境更趋恶化。许多村庄没有垃圾处理设施，大量的垃圾堆积，污染乡村周围的河塘与耕地；没有污水处理办法，到处是臭水沟。

乡村发展的环境保护需要受到关注。农民需要经济发展，也需要清洁、文明、环保、健康的生产生活方式。乡村也是城市居民的旅游休闲地。必须重视乡村发展的环境保护，提高农民生活质量，发展农村绿色经济，促进乡村的可持续发展。

2005年10月，第十六届五中全会明确提出建设社会主义新农村的重大战略任务，规定了“生产发展、生活宽裕、乡风文明、村容整洁、管理民主”的总体目标。党的十六届六中全会又把“建设社会主义新农村”作为构建社会主义和谐社会的重要内容。2012年10月，党的十八大首次提出生态文明的社会主义建设总布局，指出要“努力建设美丽中国，实现中华民族永续发展”，特别说明乡村建设是“美丽中国”建设的重要部分。2013年的“中央一号文件”也做出了“建设美丽乡村”的工作部署，同年5月，农业部办公厅发布《农业部“美丽乡村”创建目标体系》，之后各省市积极推进，陆续制定了美丽乡村建设标准。为贯彻落实十八大和“中央一号文件”精神，“中央财政部将美丽乡村建设作为一事一议财政奖补工作的主攻方向，并选取浙江、重庆、福建等省市作为首批重点建设省份”。由此，全国各地掀起美丽乡村建设热潮。

各地新农村环境建设取得了积极进展：江西发挥自然生态条件优势，打造“中国最美的乡村”；浙江以经济发展优势，统筹城乡环保；安徽以挖掘徽文化、保护古村落为载体，带动乡村面貌改善；广东重视保护海岛资源环境，保障渔村的可持续发展；广西壮族自治区实施城乡清洁工程，改善乡村环境；成都统筹城乡发展，以“农家乐”推动建设花园式休闲乡村。

江西依靠自然生态条件优势，打造中国最美的乡村婺源县、玉山县等地，把新农村建设与古村落保护有机结合，在发展旅游产业的同时，保护村容环境，实现旅游业发展与新农村环境建设相互促进提高。注重生态农业的发展，着力发展有机茶、有机稻、森林食品、木竹深加工等产业。不追求大拆大建，将村容改善与“生产发展”相结合，力求特色。大力推广沼气工程，以清洁能源取代薪柴，同时推广猪—沼—茶、猪—沼—果等模式处理畜禽粪便，既促进了农业生产发展，又改善了农业环境。划定畜禽养殖区，专门供农民建舍饲养牲畜，解决人畜混居问题，保护人居环境。

浙江以经济发展优势，推进城乡环保统筹浙江省以“生态省建设”为目标，推进“千村示范、万村整治”工程，取得了较好成效。重视农村环境保护基础性工作，加强农村污染防治法规体系建设，对农村面源污染、农村生活垃圾、农村生活污水处置等做了明确规定，建立了县（市、区）主抓，乡镇、村为责任主体的农村环保工作责任体系和推进机制，制定相关政策，注重省级财政对生态环境保护的财政转移支付力度。淳安县千岛湖地区是浙江省重要的饮用水源保护区，以保水、护水为前提发展“生态渔业”，制定了污水处理设施建设补助扶持政策。杭州市萧山区经济社会综合实力居浙江前列，以“生态区”建设引领农村环境保护，加强城乡环保一体规划，建设统一的污水管网和垃圾收集—中转—处理网络等基础设施，建设垃圾焚烧发电厂。安吉县是国家级生态县，建立三级联动的环境保护工作网络，在农村环保宣传与实用技术推广方面，取得了明显成效。如垃圾生产有机肥，家庭污水的小型湿地处理技术。

安徽挖掘徽文化、保护古村落，带动乡村面貌改善。安徽省针对农业人口多，“三农”问题和农村环境问题突出的实际情况，开展“生态示范县（区）”“环保先进小城镇”“生态村”等农村生态创建活动，研究示范生活污水无动力厌氧处理、畜禽养殖粪便综合处理、小型垃圾焚烧处理设施，进行农村环境污染防治试点工作。绩溪县针对当地皖南山区的地域特点，不搞千村一面，提出特色产业村、生态旅游村、传统文化村 3 种发展模式。在村镇建设上坚持保持农村徽文化历史脉络，突出徽派建筑风貌，探索总结了多种城乡垃圾一体化处置模式。巢湖市针对巢湖湖区生态功能划分的要求，集中资金用于农村环境综合整治与乡镇企业污染治理，收到较好成效。

广东重视保护海岛资源环境，保障渔村的可持续发展。广东拥有 1429 个渔岛，另有干出礁 956 个。在乡村发展中，广东重视保护海岛资源环境，保障海岛渔村的可持续发展。

珠海万山海洋开发试验区不断完善海岛的基础设施建设，促进海岛大型港口中转仓储项目建设，提升海洋海岛旅游景点及服务；积极探索和实践风能、太阳能等清洁能源的开发利用，努力建设生态海岛，实现海岛经济社会的可持续发展。在东澳岛、大万山和白沥岛，道路与水库建设保证旅游与渔业发展，垃圾与污水处理也在规划中。

茂名有 $500m^2$ 以上海岛 12 个，蕴藏着丰富的水产资源、生物资源、旅游资源和盐业资源，具有较高的开发、利用和保护价值以及重要的战略价值。为确保辖区海岛开发利用科学规范，加强对海岛开发利用的监督管理，建立海岛资源保护区，致力保护海岛生态环境。大放鸡岛是茂名面积最大的海岛，是全国首个经正式批准开发的无居民海岛。各级海洋监察执法部门不断加强对大放鸡岛开发施工现场的巡视监察，确保海岛开发利用与生态环境保护规范有序进行。

湛江市海岸线长达 1556 公里，占全省 46%；沿海岛屿 104 个，面积 586 平方公里，占陆地面积的 4.8%；人口 34.3 万，占全市总人口的 5.8%。海岛开发目前主要产业以渔业为主，年总产值 8 亿元，占全市 6.2%，其次是农业和工业。在特呈岛，已进行了生态建设规划，保护海岛的植被，特别是红树林。政府重点解决岛内交通与饮水问题，发展海岛乡村游，形成产业。

广西壮族自治区实施城乡清洁工程，改善乡村环境。广西壮族自治区具有民族特色的许多村寨，按照“乡风文明、村容整洁”的要求，通过实施“城乡清洁工程”，以良好的城乡卫生环境，去影响、带动新农村建设。他们切实加强村庄规划工作，重点解决农民的饮水、行路等方面的困难。抓好沼气建设，以沼气池建设带动农村改圈、改厕、改厨。引导和帮助农民切实解决住宅与畜禽圈舍混杂问题，搞好农村污水、垃圾治理，改善农村环境卫生。在南丹县怀里乡白裤瑶的村寨、在宜州下涧河乡刘三姐的故乡、在兴安灵渠的水街，都能感到乡村环境的变化。

成都统筹城乡发展，以“农家乐”推动建设花园式休闲乡村。成都市通过城乡统筹发展，已经逐步摆脱了传统城乡结合部“脏、乱、差”的面貌，通过利用城市和郊区两种资源，因地制宜推行产业结构调整和公共基础设施建设，取得良好效果。如成都市锦江区，充分利用区位和资源优势，打造了“花乡农居”“幸福梅林”“江家菜地”“东篱菊园”“荷塘月色”等“五朵金花”，发展特色乡村旅游产业，在保持农村风貌的前提下，实现了当地农民的可持续增收。每年春季，当桃花盛开的时候，成千上万的成都人在周末驾车或乘公交车来到龙泉桃花村，赏花、喝茶、打麻将，中午吃顿地道的农家饭菜。成都郊区环境优美、农民增收、生活休闲。

二、当前乡村发展中的主要环境问题

当前乡村发展的环境保护需要特别关注人居环境。

1）垃圾处理：农村乃至不少集镇的生活垃圾没有符合环保要求处理设施；

2）污水处理：集镇的生活污水随意排入附近河道，集镇周边河道水体污染日益严重，有的已成了臭水沟，严重影响附近居民生活环境。

3）乡镇工业污染与饮水安全：乡镇工业集中区的日益扩大，工业污水也大多排入附近河道，影响居民饮水安全。

1. 乡村发展需要统筹环境保护与经济发展

生产发展是建设新农村的第一要务，各地立足自身资源、特色产业优势，大力发展地方经济，但部分农村地区由于受到所处特殊区位、生态条件的限制，大规模的经济建设与开发必然受到制约。例如，浙江省淳安县目前是全省 25 个欠发达地区之一，地方经济亟待发展，但由于千岛湖位于淳安县境内，绝大部分水域和库区集雨区划定为二级饮用水源保护区，发展空间必然受到限制，发展成本也更为昂贵，使淳安县经济社会发展水平与周边地区差距逐步加大。

2. 乡村环保基础设施建设滞后，环保资金短缺

一些地方基层政府建设环保基础设施等公共服务的能力非常薄弱，加之缺乏有效的公共服务投融资机制和政策，农村环保基础设施建设严重滞后，许多农村地区成为污染治理的盲区和死角。而已建的污染治理设施又面临着运营成本过高、无人管理。即使在农村环保工作处于全国领先水平的浙江省，这方面的问题仍较突出，目前全省累计完成建设的示范村和整治村总数只占全省村庄总数的 25%，农村生活垃圾收集虽然达到了较高的比率，但收集、中转和处置设施总体上还不健全。

受县、乡、村三级财力的限制，农村环保基础设施诸如污水处理、垃圾收集处理等设施建设、推广普及难度大，有的地方甚至难以启动。即使在经济条件相对较好的地区，面对巨大的环境治理资金，也感到巨大压力。

3. 乡村旅游快速发展，环境管理急需规范

依托当地的自然生态、名胜古迹、风情民俗等资源，发展乡村旅游业已经成为许多村镇发展地方经济的重要途径。但同时，由于种种餐饮消费，使乡村旅游餐饮服务过程中清洗宰杀家畜的废水、废弃物大量增多，增加了农村污染。“农家乐”这种新的旅游形式，近年来迅速发展，但其对环境的破坏和污染却令人担忧：破坏植被、盖房搭棚、垃圾乱堆乱放、污水肆意横流。许多乡村旅游环境管理还处于散乱、不规范的状态。

4. 城市工业污染向乡村转移趋势加剧

近年来，随着现代化、城镇化进程的加快以及城市人口规模的扩大，加之产业梯级转移和农村生产力布局调整的加速，越来越多的开发区、工业园区特别是化工园区在农村地区悄然兴起，造成城镇工业废水、生活污水和垃圾向农村地区转移的趋势进一步加剧，工业企业的废水、废气、废渣等“三废”超标排放已成为影响农村地区环境质量的主要因素。一些城郊地区已成为城市生活垃圾及工业废渣的堆放地。特别是乡镇工业企业布局分散、设备简陋、工艺落后，企业污染点多面广，难以监管和治理。

5. 乡村环境保护监管能力薄弱

相当部分县级环保局经费紧张，监测设备陈旧落后。大多数乡镇没有环保员，乡镇环保基本处于“三无”（无人、无经费、无装备）状态，无人管环保、无力管环保的现象普遍，乡镇一级政府对辖区环境质量负责的法定职能很难得到履行，环境监测和环境监察工作尚未覆盖广大农村地区。针对农村环境问题，如畜禽养殖污染、面源污染、土壤污染等方面的相关立法尚处于空白，现行法律中的一些相关规定针对性和可操作性不强，给农村环保执法和环境问题的解决带来一定困难。

中国 70% 的人口居住在乡村，有效控制乡村地区环境污染的趋势，基本解决农村脏、乱、差问题，切实改善农村生活与生产环境，为建设拥有清洁水源、清洁家园、清洁田园的社会主义新农村，是重要的民生问题。保护乡村环境更涉及国家食品安全与生态安全。

三、乡村环境保护设计的政策建议

1. 建立统筹城乡与区域的环境保护管理机制，坚持以城带乡、以镇带村，将农村环境保护工作尽可能纳入城乡统筹范畴

加强城乡基础设施的统筹规划，加强城市各项环保基础设施、公共设施向农村地区的辐射和延伸，并根据乡村地区的特点，合理确定服务的内容和配套的标准。离城镇较近的村庄，生活污水、垃圾尽可能就近纳入城镇收集、处理网络，由城镇处理设施统一处理；远离城镇的偏远村庄，在充分考虑当地地理条件、经济发展程度和人口

规模等因素下，自愿选择适合当地的污染治理模式。

城镇环保部门应切实加强对城乡结合部及远郊的农村环境保护，逐步实现城乡环保一体化。

2. 制定各级乡村环境保护规划

统筹城乡发展规划，将农村环境保护纳入城镇总体规划予以考虑。以改善农村环境、优化经济增长、提高生态文明为核心，制定各级农村环境保护规划，统筹各部门的资源，集中解决当前农村经济发展中的突出环境问题。在国家层面应制定全国农村环境污染防治规划，明确指导思想、分期目标与重点方向，引导新农村建设朝着健康、可持续的方向发展。县、乡镇政府制定村镇建设规划应以科学发展观为指导，注重与自然环境的和谐，强化环境保护内容的前置约束作用。

3. 加强乡村环境保护制度性基础工作

建立健全有关政策、法规、标准体系，把农村环保作为对干部政绩考核的硬性指标，把农村环境治理纳入政府综合决策机制和重大事项督察范围。依法加强对农村环境的监督管理。制定促进农业废弃物综合利用、有机食品发展、有机肥推广使用等有关政策。加快农村环境保护机构和能力建设，省、地环保部门应专人专职负责农村生态环境保护工作，在乡镇或中心镇设立县环保部门的派出机构，充实基层环保力量。保证必要的工作经费，逐步建立农村环境应急预警体系，妥善处置农村环境污染突发事件。

4. 强化农村环境污染治理资金保障机制

农村环境整治工作量大、面广，需要投入大量的资金，仅靠省级财政或单方面的力量无法满足，必须建立完善以各级政府财政支持为导向、农村集体和农户投入为主体、工商企业及社会团体等其他社会资本共同参与的稳定投入渠道。加强财政资金的专项转移支付力度，明确解决农村环境问题的资金渠道和部门责任，统筹安排新农村建设的各项资金使用。从财政、税收、信贷、价格等方面制定优惠政策，多方面配合建立乡镇企业的进园机制，以利于污染集中治理。同时，积极建立污染治理市场化机制，变“谁污染谁治理”为“谁治理谁收费”，积极构筑面向市场的环保技术服务体系。

5. 推广普及农村环保实用技术

因地制宜开发低成本、高效率的污水、垃圾处理技术。农办、环保、农林、科技等部门应加强对农村污染治理技术的服务指导，并把这一工作纳入各部门的职责范围，加强试点工作。加快现有成果的转化、推广，特别是针对不同地区环境特点、成本较低的环保技术，结合发展农业循环经济、清洁生产，把畜禽养殖污染治理、秸秆等废弃物综合利用有机结合起来，实现农村生活污水的生态化处理和粪便、垃圾、秸秆等的资源化利用。应着重推广太阳能、沼气等适合农村使用的清洁能源。

6. 加大农村环保宣传教育力度

广大农民群众既是农村环境保护工作的受益者，也是主力军。应加强指导、培训、宣传教育，充分利用广播、电视、报刊、网络等媒体手段，开展多层次、多形式的舆论宣传和科普宣传，积极引导广大农民从自身做起，自觉培养健康文明的生产、生活、消费方式。在中小学开展环境保护教育，组织实施环境保护实践，树立保护环境的理念。充分发挥世界环境日等载体，以生态人文为特色，提升农村文明程度，使环保意识、绿色消费等观念深入人心。开展农民素质培训活动，鼓励农民积极参与新农村环境建设活动。

第二节　传统建筑物、风貌保护规划设计

一、传统风貌建筑的价值

针对我国乡村的实际情况来说，现阶段，我国的新农村建设工作和新农村发展规划还处于一种探索和实验的阶段，暂时还没有具备一种科学、系统的发展规划，有些地方往往是根据城市的发展情况进行一定的模仿和追随，并没有形成一种具有新农村建设特色的发展规划。这种情况往往会导致对传统的乡村部落的破坏，不利于传统的乡村形态传承和发扬，尤其是对于传统的乡村部落进行大拆大建，会严重破坏传统的乡村风貌。我国是一个具有数千年传统文化的文化大国，在历史和人文的发展中，产生了各式各样的传统文化，人文历史在乡村风貌中具有重要展现的意义。如果对传统乡村形态进行大拆大建，就会导致传统的人文历史表现遗失，我国传统的人文历史更多地蕴含在具体的表现形式中，对传统乡村风貌的改建，会破坏传统文化的表现形式，我们对传统文化要予以改造及发扬，但是并不是要进行打碎重组。如果新农村建设最终形成的状况是农村之中多了钢筋建筑，而少了传统风貌，那么势必会令更多的人们痛心疾首。而传统风貌主要的表现就是在较早的建筑类型中展现的，对地区内的政治和经济、文化以及宗教及民俗的直观反映，如果不采取一定的形式对之进行改造发展，很容易导致这种反映形式消亡；同时，传统的建筑形式能够很好地反映我们的传统文化历史，在进行新农村建设中要对其进行保护开发，才能够更好地符合人与自然和谐相处的理念，同时也有利于整个社会主义科学发展观的实践。

二、传统风貌建筑的保护及利用策略

1）抓住重点，根据实际情况制定相应的措施根据对传统风貌的研究，可以确定的

是传统风貌建筑主要指的是地方特点与传统文化相结合的衍生物。所以对传统风貌进行发扬和宣传有利于地区的文化发展和社会稳定，尤其是在地区的文化形态受到新型社会变化的影响而有所改变的情况下，必须要坚持对传统风貌建筑的保护发展。对此地方政府要起到一个引导作用，首先要将乡村建设工作与传统风貌建筑保护工作结合在一起，根据历史和社会发展特点制定一个更加稳妥有效的发展策略，不仅要将传统风貌建筑保护工作包含在发展规划中，同时要将乡村建设发展与整体社会发展相结合，尽最大可能对传统风貌建筑进行保护，可以按传统风貌建筑的类别实施分别保护。重视每一个传统风貌建筑的价值，然后按照保护和发展策略对其进行更好的全面保护，从而有助于形成一个政府主导，社会全面参与的保护机制。

2）对传统风貌建筑资源开发利用社会的发展进程不断加快，对于传统风貌建筑的保护已经不能够停留在全程保护，不予接触等状态下，所以就需要不断改变保护模式，实现风貌建筑的更多价值。所以针对这种情况，我们要能够结合传统风貌建筑的特点去进行更多角度的开发，首先可以在保持其基本状态不变的基础上，对其进行保护开发，可以建立一定的文化旅游景点，对公众和其他人民予以开放，接纳人们的参观和研究，这样不仅有利于实现传统风貌建筑的价值，同时可以起到传播当地传统文化的效果。利用这种方式对传统风貌建筑的保护发展，可以将传统风貌建筑更好地融入现代社会的发展中，有利于乡村的新型建设，对于新农村的经济发展起到积极的促进作用。

三、乡村建设中，传统风貌建筑保护和利用的措施

1. 完善地方政策法规

对于乡村的建设工作，党中央和国务院已经出台了相关的建设方案，在实际的乡村管理和建设中，要依据整体的建设方案对其进行不断的完善和补充，可以不断提高对乡村的管理力度，依据乡村自身的实际情况对其进行管理和规划建设。

在整个地方政府管理工作中，要明确传统风貌建筑的保护工作，让村民明确具体的范围和区域，从而有利于整体传统风貌建筑的保护发展。将传统风貌建筑的保护细则传达到每一个村民手中，保证居民知晓传统风貌建筑的保护发展的意义。在具体的实施工作中，可以将重点的传统风貌建筑进行保护开发。可以制定一定的保护策略：对于传统风貌重点保护区禁止改建和拆建以及新建等活动，对于违反保护策略的居民进行一定的追责和处罚，将整个乡村的传统风貌保护和利用的范围及时公布，确保传统风貌建筑保护工作落到实处。

2. 加大资金投入力度，针对乡村建设中的传统风貌建筑保护工作，需要借助一定的资金和经费来予以实施

传统的乡村经济发展往往较为落后，所以就需要借助政府的资金支持来进行传统

风貌建筑的保护发展。对于政府，一方面要有计划地增加资金支持，保证传统风貌建筑保护工作有序发展，另一方面，地方政府要积极开创多渠道的资金筹集方式，积极建立起“政府主导、社会参与”的资金筹措机制，让社会中的资金投入传统风貌建筑保护工作中去。在进行传统风貌保护工作中，政府要起到引导作用，借助自身的影响力，加大对传统风貌建筑地区的扶持力度，可以通过加大宣传和建设基础设施以及群众公共设施的方式来促进乡村传统风貌建筑保护发展工作的有序进行。

3. 以传统风貌建筑为中心，发展旅游进行传统风貌建筑保护工作，要积极采取保护开发的方式进行

对于一些具有特色传统风貌建筑，可以做好一定的宣传工作，让更多的人了解到传统风貌建筑的文化历史，政府要鼓励居民对传统风貌的利用，可以设立一定的传统风貌建筑旅行街，增强传统风貌建筑的影响力。在乡村中可以建立一定的旅游基地，恢复对传统特色的商业行为的奖励制度，鼓励居民进行传统风貌建筑开发利用，从而实现传统风貌建筑的价值扩大。

四、保护传统风貌建筑面对的主要问题

1）传统风貌建筑得不到有效保护。村内留存古建筑除公布为文物保护单位的，其余传统风貌建筑大部分都未纳入国家的遗产保护体系，且因年久失修、自然损毁和人为破坏等原因普遍存在着不同程度的破损情况，建筑倒塌或被拆改的现象时有发生，古建筑空置和功能利用不合理现象较为普遍。受地方经济条件限制，历史文化遗产保护资金严重匮乏。

2）历史环境遭到不同程度破坏。受用地条件限制和村民的传统建房观念影响，近年的住宅建设以拆旧建新为主，对其历史文化遗产、传统村落格局和历史风貌造成了不同程度的破坏。

3）消防安全设施薄弱。除在个别重要古建筑内配备有灭火器外，消防设施未达到村落全覆盖，在以传统木结构建筑占多数且消防通道不畅通的富溪村中，其消防能力明显不足，消防安全隐患突出。

4）市政基础设施不完善。电力线路陈旧老化、超负荷运转等问题较为普遍。村内卫生设施极少，生活污水随意排放现象严重。

5）古村保护与村落发展之间冲突严重。村民为发展生活空间和提高生活水平而进行的改造和建设活动，对历史文化遗产的保护与历史文化村落的传统格局和历史风貌造成了不同程度的破坏。

6）村落经济支撑丧失。村内的土地资源稀缺，历史上除传统农业外，村落的经济组成单一，随着现代城镇化的发展，大量人员外出谋生，村落的空心化和老龄化问题

严重。商业开发尚未得到发展，没有实现“保护促利用、利用强保护”的良性循环。

7）村落建设专业设计缺失。缺乏专业规划，对规划先行的认识不够，缺乏专业定位，造成了盲目开发，特色不突出，重复建设，旅游资源未得到充分利用。综合服务不足：停车场、游道过于狭小，不能满足高峰期旅游团队以及散客停放车辆的需要。

第三节　实力传承规划设计实例：东林镇泉益村美丽乡村精品村

一、历史泉益

20世纪80年代以前，水运时代，泉益村依托泉家潭码头，村庄建设主要集中在泉家潭一带。二十世纪八九十年代，出行脱离水运，村庄向西发展，当时村民生活习惯（如洗衣服、洗菜等）离不开水，依旧保持者依水而居的生活习惯，搬至水系发达的荡湾里一带。2000年以后，随着自来水的普及，村民生活方式开始改变。村庄沿着泉庆公路发展，公路北侧建设新村，南侧建设公建设施（图6-1）。

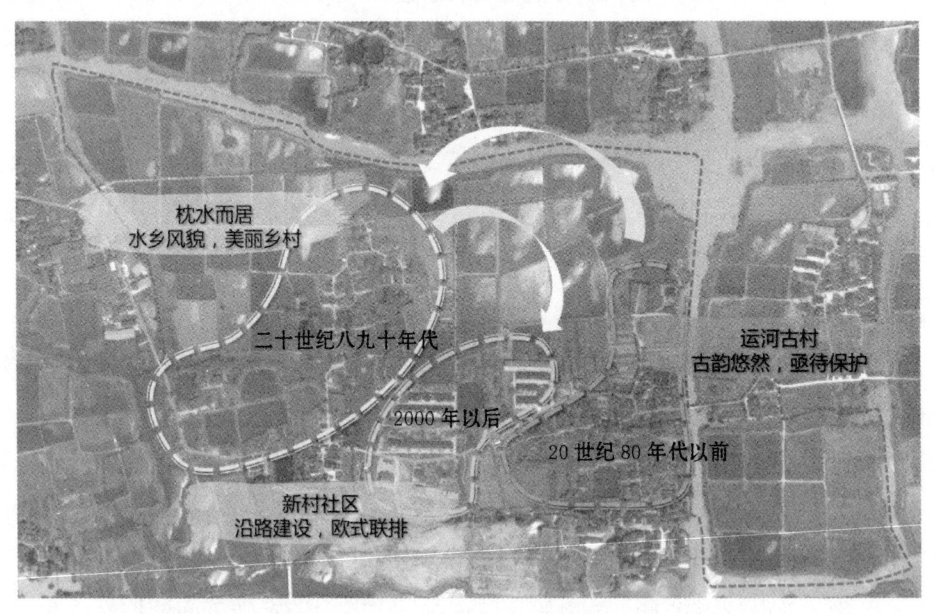

图6-1　泉益历史沿革图

20世纪80年代以前泉益村的泉家潭曾是杭湖锡航道上重要的码头之一，小小的码头连接着大城市，当时附近几个乡的村民去湖州和杭州等城市均需从泉家潭坐“杭班”前往。

村庄因水而兴，早年的码头带来了小村的繁华和热闹，形成了“水—路—房”的格局，沿河商铺林立，形成了一条老街，有面馆、茶馆、理发店，还有两家门市部和一家卫生院。荻港村曾有“小湖州”之称，而泉家潭则有“小荻港”之称，体现了湖州水乡的特色空间布局。

“水—路—房”的格局一直保留至今，昔日热闹的老街至今还保留着面馆、理发店等几家店铺。如今泉家潭很多建筑依旧保持着传统水乡民居的特色风貌。

2017 年 9 月 30 日，浙江省建设厅、省文化厅、省文物局、省财政厅联合发文，决定将杭州市萧山区衙前镇凤凰村等 636 个村落列入省级传统村落名录。泉益村是东林镇唯一一个入选该名单的村落，具有较大的保护与利用价值。

传统技艺——东林柳编。《嘉庆•德清县志》记载：“钱家潭出杨条，均挺柔韧，制笆斗销于远处。”东林的柳编已经有 300 多年的历史。20 世纪 60 年代就出口国外，当年做得最好最大的当属以钱家潭为中心的吴兴区东林泉庆、泉益、泉心一带。100 多名女工在柳编厂里同时开工，有的编制栲栳，有的做成笆斗，有的制成苍蝇罩……男人们则跑船运，负责将这些柳编送到杭州、上海等地，村子里老老少少、男男女女都以柳编为生。东林柳编已入选第五批浙江省非物质文化遗产代表性项目名录。为传承这项非物质文化遗产，东林二开设柳编课程，发扬柳编文化。其他还有“乡愁”食物：冬至的圆子；立夏的乌米饭、咸鸭蛋；清明的青团、羊眼豆粽子；烘熏豆、打年糕、鱼汤饭、做鱼圆、晒鱼干……这些传统的美食亦在逐渐淡出现代生活。

二、发展定位规划

打造以“水文化”为核心的泉益美丽水乡，尽显泉益水乡的自然形态之美、历史文化之美、生产生活之美，还原一个“传承童年记忆”的原真水乡——乡野农趣·水乡泉益。将泉益村打造成以“水乡观光、民俗体验、农耕休闲、乡村怀旧”为一体的乡村旅游目的地。

本规划设计结合国家乡村振兴战略，紧紧围绕乡村振兴发展路径的两大重点和四大关键展开。两大重点：一是产业培育激发乡村活力；二是文化传承彰显地域特色。四大关键：一是原乡环境提升推进乡村绿色发展；二是精品项目示范提升农业发展质量；三是村落个性发展留得住乡愁看得见发展；四是扶贫富民兴业提高农村民生保障水平。

三、产业策划设计

产业定位：以水文化产业为核心的创意农业。产业策略：以一产为本，以三产为导向，形成多种农民增收路径。

策略一：加强柳编产业发展，探索经营模式种植柳编原材料柳条，打造东林柳编品牌，探索农村合作社的经营模式，提高农民抵御风险能力。

策略二：提升一产品质，提高产品附加值由种植普通农作物转向种植有机作物，申请有关部门认证，打造有机作物品牌，鼓励稻虾混养、稻蟹混养、稻鱼混养等模式，在土地资源有限的情况下实现农民增收。

策略三：延伸三产链条，向创意化发展依托现有生态资源、人文资源和特色产业基础，以创意服务业为导向，形成特色旅游产业，扩宽农民增收途径。

将一产发展与三产对接，延伸以柳编产业、鱼文化、传统农耕文化为特色的产业链（图 6-2）。

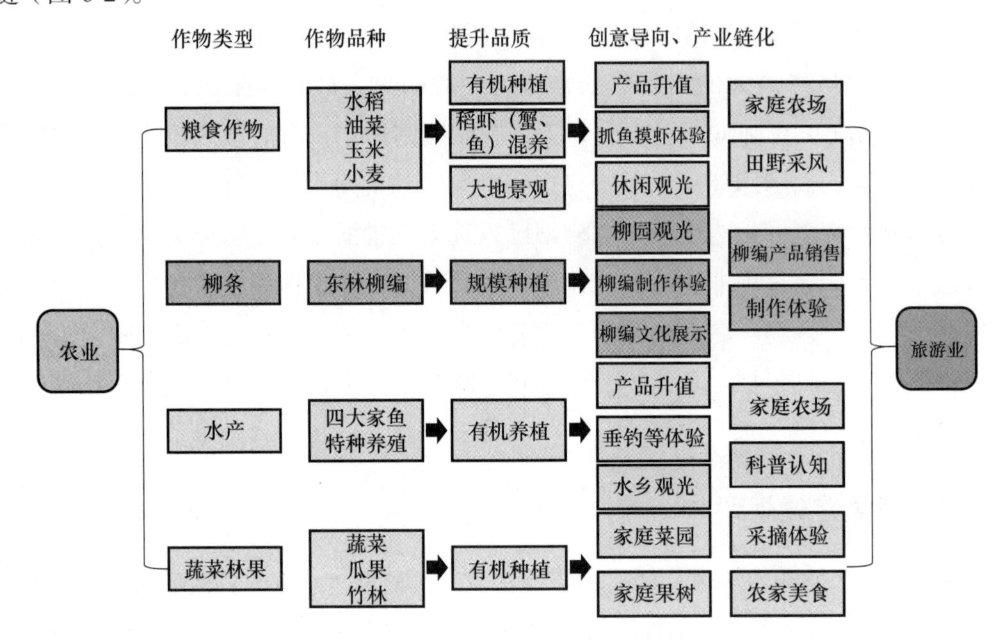

图 6-2　产业定位及策略

因地制宜，从地形地貌、地质、建设状况、空间特征等方面对规划范围进行产业布局的潜力分析：丰富的水塘空间，形成自然多趣，具有体验农趣，水乡玩乐的发展潜力；村落肌理自然错落，内部水系丰富，宜安排综合功能的传统水乡文化特色村落；连续的田地空间，形成一望无际的田野风光，具有向创意农业和有机农业发展的潜力；传统村落，宜开发成水乡怀旧体验村落。打造“两片、一环、多节点、方形骨架”的旅游空间产业布局。

四、近期：“慢生活”——水乡休闲度假区规划设计

紧紧围绕“乡野农趣 · 水乡泉益”的主题形象，深层次、多角度挖掘水乡文化、传统文化、民俗文化等文化内涵，丰富餐饮、住宿、休闲娱乐等旅游业态，营造创意农业景观，开展趣味农事体验活动，打造荡湾里“慢生活”水乡休闲度假区。

1. 改造项目规划设计

在荡湾里现有基础上，通过建筑立面的整治、水乡特色小品的塑造、美丽庭院的建设，对荡湾里村庄环境进行提升。同时，进一步对荡湾里进行景区化改造，塑造小桥流水人家、风车粮仓、树屋吊桥、静谧小岛等水乡特色景点。

在此基础上，利用村集体以及全域整治腾出的房子，植入新的业态，将传统的老房子改造成水乡民宿、乡村食堂、柳编教室、茶室、咖啡馆等。

1）改造项目——怀旧民宿

以“追寻童趣记忆，拾忆少时乡情”为理念，结合荡湾里的静谧环境打造怀旧主题民宿。独门独院的乡宅院落，充满童年回忆的八仙桌、铜炉、蚊帐钩、自行车、木柜、老灶台……让人们仿佛回到童年岁月。

2）改造项目——乡村大食堂

利用荡湾里北部四面环水的老房子，改造成乡村大食堂，亲手把菜地里的新鲜蔬菜采摘回来，做成美味的佳肴，一家人体验农村自给自足的悠闲生活。食堂还可开展传统美食制作体验活动，清明做青团、端午包粽子、中秋做月饼，冬至做圆子，年底打年糕做鱼圆……在制作美食的同时恢复立夏称重、挂艾草等传统民俗，在亲身体验中了解中国传统节庆和传统美食文化。

3）改造项目——柳编教室

传承非物质文化遗产，利用荡湾里公园北侧的临水老房子改造成柳编教室，在展示柳编作品的同时让游客参与到柳编作品的制作过程中，让东林柳编这门老手艺得以传承和延续。丰富其他传统同手工制作项目，端午的香囊、油菜壳做的剪刀、用火柴盒子和筷子制作的枪、木头滑板车……无不勾起满满的童年回忆。

2. 新建项目规划设计

进一步完善泉益村旅游产业配套设施，在社区服务中心东侧新建集餐饮、住宿、娱乐、休闲为一体的商业综合体。利用全域整治规划预留的产业配套用地新建水乡特色农庄。

利用全域整治规划预留的产业配套用地新建水乡特色农庄，设置水上餐厅、露天剧场、风情街、水上乐园 4 个功能区。利用水塘水面设计看似漂浮于水面的水上餐厅，品尝特色湖鲜美食；水上餐厅北侧打造圆形露天剧场，白天可以在环形长廊下烧烤，享受美食；晚上可放映《黑猫警长》《美猴王》《葫芦娃》等老的国产动画片，打造一趟绵延数十年的“时光之旅”，让孩子跟“80 后”“90 后”父母一起回忆经典，或举行篝火晚会，重现与“80 后”“90”后共同成长的“老游戏”——跳皮筋、跳房子、斗鸡、老鹰捉小鸡等，一起共度美好时光；东边为风情街，游客可在这里购买正宗地道的农家土特产、特色小吃、传统美食以及柳编等工艺品；南侧水面打造水上乐园，设置电动船、手摇船、水上滚球等活动项目。

3. 周边产业用地改造规划设计

对荡湾里周边水塘、水田进行改造，打造“欢乐稻田”“鱼趣乐园”“醉漾轻舟”3个板块。

1）周边产业用地改造——欢乐稻田

结合土地开发项目将荡湾里北部水田进行扩大，结合柳编文化，在北部水田种植柳树，打造柳编文化园。园内用柳条编织成各种卡通动物造型进行布置美化，打造富有趣味的文化景观。南部水田鼓励村民种植水稻、油菜等季节性作物，保证田园四季有彩、常年皆绿，打造农业大地景观。春天，油菜花开，可登上瞭望塔观赏水乡田园风光，组织举行摄影比赛，游客不仅能留下美好的瞬间，还可体验比赛的乐趣；夏天，采用稻虾混养、稻蟹混养、稻鱼混养等模式，不仅可以一水双丰收，还可以开展摸鱼抓虾等体验活动；秋天，稻子熟了。打造稻田迷宫，让游客探索稻田迷宫出路，充满无限乐趣。亦可开展稻田写生、制作稻草人等活动，进行堆草垛、制作传统蜈蚣草比赛等。

2）周边产业用地改造——鱼趣乐园

对荡湾里西南部水塘空间进行改造，增加针对青少年参与体验性旅游项目。改造成水塘滑梯、树林泳池，增加水车等传统设施，打造亲子游乐的活动场所。开展垂钓、摸鱼抓虾、摸螺蛳、抓泥鳅、挖莲藕、采菱角等娱乐项目。同时结合水乡渔文化，让游客体验亲自织网、体验亲自织网等传统活动。

3）周边产业用地改造——醉漾轻舟

取宋代诗人秦观“醉漾轻舟，信流引到花深处”的世外桃源意境，利用荡湾里和新村之间自然又充满野趣的河流，在其沿岸种植桃花等植物，游客划船在小河中间，或是乘坐咿咿呀呀的摇橹船，或是轰隆轰隆的挂桨船，或是悄无声息的用竹篙撑的水泥船。两岸桃花随风而动，营造陶渊明笔下世外桃源般的美好意境。

五、远期:“怀古韵”——乡愁记忆体验区规划设计

远期随着全域整治工作的推进，采用“人走屋留”的形式，逐步腾空泉家潭的农房，对泉家潭进行整体开发。以“乡愁记忆”为主题，深度挖掘东林柳编文化、古码头文化、鱼文化、传统水乡文化等内涵，植入文化展示、特色餐饮、主题住宿、特产购物、休闲娱乐等业态。提升古村落滨水环境，对古村进行梦幻夜景观的打造，形成满足游客与当地居民的水乡风情体验地。

恢复泉家潭老轮船码头，设计成绽放水上的民俗舞台，结合水上可移动的船只作为看台，定期举行民俗演出活动，展现水乡传统民俗文化。

对二十世纪六七十年代的柳编厂厂房进行改造，打造“东林柳编文化展示馆”，向游客展示300多年的柳编文化，游客可以现场观看柳编的制作过程，亦可参与其中。

对曾经的鱼市部进行改造，打造成渔文化展示馆，结合VR、投影等技术，还原古时渔民的传统及悠闲生活场景。向游客展示秧凳、鱼篓、搬网、网兜、菱桶、下水裤等传统渔具，并在展示馆门前小河网箱，养殖青鱼、草鱼、鲢鱼、鳙鱼四大家鱼，展现江南水乡渔文化的多元魅力。

定制老“杭班”船只，打造“杭班”茶馆，停靠在泉家潭码头，并恢复曾经码头的船票售票处，带领游客重现三四十年前泉家潭码头乘坐“杭班”的场景。

同时，利用网红爆鱼面馆等本地美食吸引游客，植入新业态重新唤醒泉家潭老轮船码头，恢复昔日的繁华场景。让人们在这里记住乡愁、看见乡愁、书写乡愁，打造乡愁记忆主题旅游产品。

六、文化传承规划设计

规划一：以尊重原有文化脉络和空间肌理为前提，确保乡村风貌的原真性，实现保护与改造的和谐统一。

尊重村庄从民居选址、空间布局到道路形成等肌理文脉，在对乡村人均环境进行提升改善的过程中不对村庄的整体风貌进行改变，保留村民的原本生活方式，确保保护与改造相协调。为传承传统的文化脉络，外立面改造主要保留水乡粉墙黛瓦为主，新建建筑采用马头墙、茅草棚等形式，不仅传承历史文化脉络，更保存了乡村风貌的原真性，建筑与环境浑然一体的协调性。

规划二：以彰显文化内涵为重点，通过空间和项目的体验或展示突出柳编文化（柳编文化园、柳编教室、柳编文化展示馆）、渔文化（水乡特色渔庄、渔文化展示馆）、美食文化（乡村大食堂）和水乡文化（杭班茶室、泉家潭老轮船码头）等文化。将文化内涵融入特色空间节点的保护、改造以及项目的打造，通过提升空间的体验品质和项目的参与性来彰显文化内涵。

第七章　乡村住宅的规划设计

第一节　乡村住宅的外立面选型规划设计

建筑的艺术是空间的艺术，有人说建筑是凝固的音乐。住宅的艺术是由住宅空间和实体这两大基本要素，而建筑的功能和艺术均由两个因素的组合变化而形成。

实际上，住宅的外观就是住宅体型与立面的表现。住宅的美观问题，不但在房屋外部形象和内部空间处理中表现出来，又涉及建筑群体的布局，还和建筑细部设计有关。其中房屋的外部形象和内部空间处理，是单体住宅所要考虑美观问题的主要内容。

一、对住宅外部形象设计的要求

（1）住宅的外部形象要反映住宅类型的特征

住宅的外部形象要反映住宅类型内部矛盾空间的组合特点，美观问题要紧密地结合功能要求。不能脱离功能要求，片面追求外部形象的美观，也就是不能违反适用、经济、美观三者辩证的关系。

（2）结合材料性能、结构构造和施工技术特点

（3）根据建筑标准及开发成本等经济指标

（4）适应基地环境和建筑群体形象

（5）符合住宅造型和立面构面的规律

二、住宅体型的组合

住宅体型确立的主要依据是内部空间的组合方式，其主要反映住宅总体量的大小、组合方式和比例尺度等，对住宅外形的总体效果具有重要影响。根据住宅规模大小、功能要求特点以及基地条件的不同，建筑物的体型有的比较简单，有的比较复杂，这些体型从组合方式来区分，大体上可以归纳为对称和不对称的两类。

1）对称的体型有明确的中轴线，建筑物各部分组合体的主从关系分明，形体比较完整，容易取得端正、庄严的感觉。我国古典建筑较多的采用对称的体型，一些纪念性建筑和大型会堂等，为了使建筑物显得庄严、完整，也常采用对称的体型。

2）不对称体型的特点是布局比较灵活自由，对功能关系复杂，或不规则的基地形状较能适应。不对称的体型容易使建筑物取得舒展、活泼的造型效果，不少医院、疗养院、园林建筑等，常采用不对称的体型。

建筑体型组合的造型要求，主要有以下几点：

1. 完整均衡、比例恰当

对于对称的体型，通常比较容易达到。对于较为复杂的不对称体型，为了达到完整的要求，需要注意各组成部分体量的大小比例关系，使各部分的组合协调一致，有机联系，在不对称中取得均衡。

2. 主次分明，交接明确

建筑体型的组合，还需要处理好各组成部分的连接关系，尽可能做到主次分明，交接明确。建筑物有几个形体组合时，应突出主要形体，通常可以由各部分体量之间的大小、高低、宽窄，形状的对比，平面位置的前后，以及突出入口等手法来强调主体部分。

各组合体之间的连接方式主要有：几个简单形体的直接或咬接，以廊或连接体连接。形体之间的连接方式和房屋的结构构造布置、地区的气候条件、地震烈度以及基本环境的关系相当密切。

3. 体型简洁、环境协调

简洁的建筑体型易于取得完整统一的造型效果，同时在结构布置和构造施工方面也比较经济合理。

建筑物的体型还需要注意与周围建筑、道路相互应配合，考虑和地形、绿化等基地环境的协调一致，使建筑物在基地环境中显得完整统一、配置得当。

第二节　乡村住宅的平面功能布局设计

一、动静分区

动静分区即是将户内公共活动空间（如客厅、餐厅、厨房、次卫等）与要求安静的空间（卧室、书房、主卫等）适当分开，以避免相互干扰，动线（动线是指人们在户内活动的路线）相互不干扰。动静分区优势在于一方面使会客、娱乐或者进行家务的人能够放心活动，另一方面也不会过多打扰休息、学习的人，这就使得住宅功能设计更加合理，居住者更舒适方便。

户内动线主要有3种，分别是居住动线、家务动线、来客动线。良好的动线是指从入户门进客厅、卧室、厨房的3条线不会交叉。

二、公私分区

户型具有私密性的要求，能够适当保护居住者隐私。公私分区主要是指私人空间和外界所分开，所以在入户门或玄关处要进行遮挡，卧室及卫生间等私人场所，应与客厅及餐厅等公共活动区域分开。

1）在入户门外向户型内望去时，玄关处应当有所遮挡，避免门外就能对屋内一览无余。

2）户型内部客厅、餐厅等公共活动空间与卧室等较为私密的空间有视觉上的遮挡。

3）卧室门不宜直接开在客厅墙壁上，这样客厅内可看见卧室大部分，私密空间无遮挡。

4）户型的进深与开间之比合理。进深与开间之比一般介于1 ：1.5之间较好。

5）卧室与客、餐厅保持一定距离及角度，能有效保证业主休息、工作、生活的空间私密性。

6）私密与公共空间设计同样遵循动静分区设计，动线不相互干扰、重合。

三、排水设计

1. 厨房排水管道的设置

厨房洗涤池排水支管可直接在楼板上接入排水立管。而对于厨房是否设地漏，目前还存在较大争议，建议厨房内不设地漏：现代生活中厨房地面一般已很少用水冲洗，少量的溅水用抹布就可完成地面的清洁，厨房地漏由于长时间无水补充，水封内存水蒸发后臭气反由地漏进入室内。同时，取消地漏还可避免地漏排水支管进入下层户内空间。

2. 卫生间排水管道的设置

新设计的住宅应致力于取消伸入下层住户空间的排水横管，具体做法有：

1）使卫生间地板面下沉，管道敷设在填渣层中。

2）使卫生间地板面不下沉，而使用P形坐便器（后出口式），使得下水管在本层与立管衔接。地漏采用侧壁式，洗脸盆、浴缸等排水管也在地面以上敷设与立管衔接。这两种做法均可以使下水管道每层水平分隔开，若需要检修可以独户进行，不影响邻居。

3）地漏与存水弯的配合问题，传统钟罩式地漏的水封容易挥发，常常造成下水道异味和排水口溢出的液体进入室内，形成室内污染。所以在给排水设计中，必须重视这个问题。

四、房屋布局设计

1. 布局以开放式为主

考量通风及采光，设计师建议格局采用开放式或半开放式，不仅对视觉来说有放大效果，少了水泥墙的阻挡，光源和空气更能流通穿透。

开放式客厅打通整个墙壁连接庭院，使庭院与客厅连为一体，也使设计与自然融为一体，视觉与身心体验更为开阔。

客厅与餐厅之间采用开放式设计，而且餐厅正对阳台，在采光与通风方面无须担心。

2. 落地窗通风、采光效果佳

客厅落地窗：如果空间本身条件就规划有外阳台，落地窗绝对是最优先的选择。整面墙用落地窗来代替，大面积通风效果，只要对流良好，即便是夏季也能为屋主节省不少电费；此外，落地窗的设计也能汲取大量自然光，使客厅明亮又舒适。

卧室落地窗：这个卧室有落地窗和推拉窗，采光极佳，风从外面吹进来，卧室里面都可以形成对流，通风效果好，而外面的阳台视野非常开阔，落地窗让卧室阳台连为一体，使卧室空间看起来更大，室外的景观也更好欣赏。

五、卧室设计原则

要保证私密性；使用要方便；装修风格应简洁；色调、图案应和谐；灯光照明要讲究。

六、卧室布置原则

1. 主卧

主卧布置的原则是如何最大限度地提高舒适和提高主卧的私密性，所以主卧的布置和材质要突出的特点是清爽、隔声、软、柔。

2. 次卧

一般用作儿童房、青年房、老人房或客房。

1）子女房

它与主卧最大的区别就在于设计上要保持相当程度的灵活性。子女房只要在区域上为他们做一个大体的界定，分出大致的休息区、阅读区及衣物储藏区就足够了。在室内色彩上吸引孩子是设计子女房的要点。

2）儿童房

儿童房一般由睡眠区、贮物区和娱乐区组成，对学龄期儿童还应设计学习区。

3）青年房

青年房除了上述功能区外还要考虑梳妆区。如果没有书房的话，在次卧室的设计中就要考虑书桌、电脑桌等组成学习区。

4）老人房

老人房则主要满足睡眠和贮物功能，老人房的设计应以实用为主。

七、餐厅设计

1）如果具备条件，单独用一个空间作餐厅是最理想的，在布置上也灵活得多。

2）对住房面积不大的居室，也可以将餐厅设在厨房、过厅或者客厅。

3）一般居室中厨房多外接阳台，于是不少人将灶具移至阳台，在厨房的一侧定做一排橱柜，余下的空间就可以作为简单的餐厅了。

4）对一些过厅较大的房间，放置屏风是实用性和艺术性兼具的做法，只需购买配合室内格调的屏风即可，通常东方色彩较浓。

5）也可在地面建造略高的平台以不同高度作为分界。若经济条件和空间允许的话，不妨加建一道拱门，将饭厅区隔开。

6）拱门的形式、风格、色彩等，必须与饭厅区配合，这样都能突出拱门的作用。将地板的形状、色彩、图案、质料分成两个不同部分，以此划分界限，形成两个格调迥异的区域。

7）有的家庭餐厅较小，可以在墙面适当安装一定面积的镜面，这在视觉上可以造成空间增大的感觉。

8）饭厅与厨房则必须毗邻或者接近，这完全基于方便与实用。

9）餐桌上的照明以吊灯为佳，也可选择装在天花板上的照明灯或地灯。

10）不管选择哪一种灯光设备，都不可直接照射用餐者头部，否则会影响食欲。

11）饭厅的地板铺面材料，使用地毯较易沾染油腻污物，使用瓷砖、木板或大理石则较易清理。

12）餐厅墙面的装饰要注意突出自己的风格，餐厅墙面的气氛既要美观，又要实用，不可信手拈来，盲目堆砌餐厅色彩，餐厅有别于其他功能的厅室，在装饰上应以简洁、明快为主。

八、示例

示例参见图 7-1，住宅正面入口处设有门斗，内有鞋柜、雨具柜和工具箱等。通过门斗可分别进入老人卧室和客厅。考虑到老年人的体力和性情，将老人卧室设于一层前侧，避免了老人爬高，并方便看家守院，最大限度地接近阳光、花园。客厅（堂屋）作为住宅的中心与餐厅、厨房、院落等部分紧密相连，交通便捷，面积适宜。

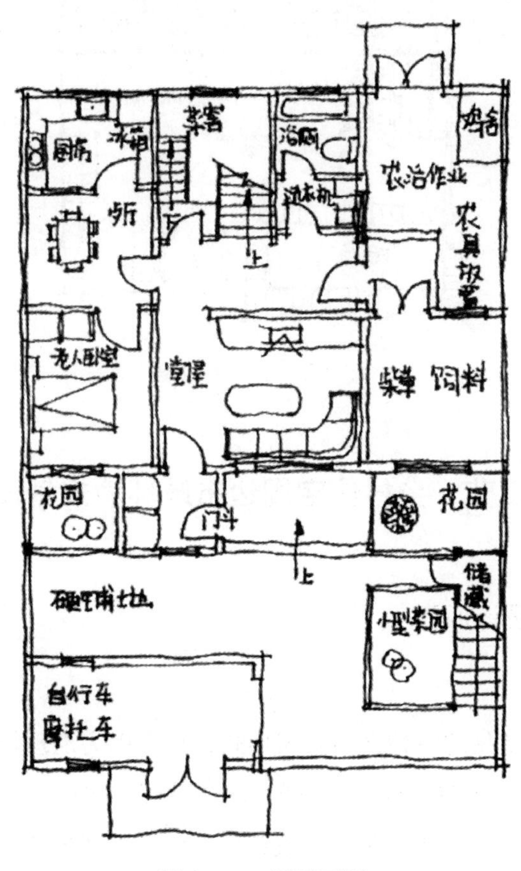

图 7-1　一层平面图

示例参见图 7-2，二层为卧室及专用卫生间，主要卧室朝南，并均设有壁柜。室外有宽大的阳台或晒台，便于室外活动及农忙时的农作物晾晒。对于大套住宅，二层平台更加宽大，并有室外楼梯与地面连接，显著改善了生活生产条件及观赏效果。当客厅繁忙时，一些家庭成员可不必穿越客厅而从室外楼梯直达卧室。

卫生间分为盥洗与厕所两部分，面积大，功能齐全。厕所内设有浴盆、便器、淋浴等设施。盥洗部分设有洗衣机、洗面盆、化妆台、拖布池等。卫生间位于住宅北向西侧，利于防止西晒。

院落内、门斗处、楼梯下等边角位置，多处设置辅助空间，如自行车、摩托车停放处，小贮藏室，各主要卧室均设壁柜。

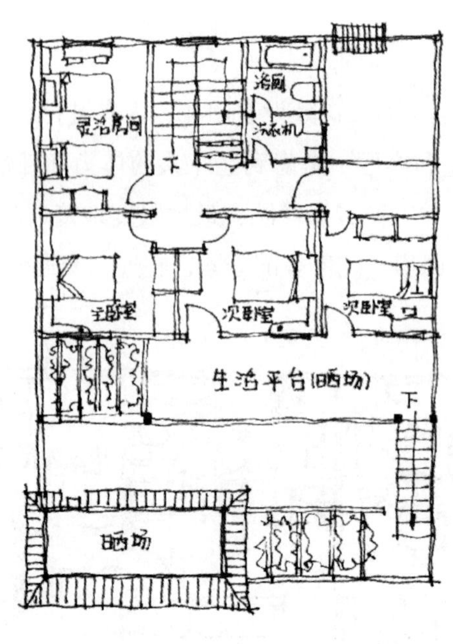

图 7-2　二层平面图

第三节　乡村住宅周边市政环境规划设计

一、景观规划设计原则

1. 地域特色原则

乡村是我国最为常见的一种社会聚居形式，且会因为地理特征以及民族差异，形成各具特色的文化。这样在进行“美丽乡村”规划设计时，需要遵循地域特色原则，通过合理的分析规划，从当地文化中汲取精华，建设出独特的乡村文化。这样不仅能够与其他乡村景观区分开，同时也更加能够获取当地居民的认同。景观设计为“美丽乡村”建设必不可少的部分，应多选择本地特色植物与农作物，根据合理的区域划分，形成不同的景色块，既能保持原有的生态特点，又可以代表乡村文化，成分体现乡村文化素养。

2. 生态保护原则

进行景观环境规划，很大程度上需要在现有生态环境基础上进行相应的调整，来满足景观建设要求。而生态环境与人们生活有着密切的联系，虽然与城市建设相比，乡村一直在发展过程中对环境影响比较小，但是为了更好地保护环境不受到破坏，还需要遵循生态保护原则。生态景观的规划设计，应在不影响环境正常发展的基础上，采取各类措施进行有效规划，利用不同生态元素，来组成具有特色的景观环境。

3. 可持续性原则

乡村是社会构成的主要部分，也是国民经济发展的要点，长久以来因受经济、技术以及理念等因素限制，大部分资源采取粗放型开发与利用方式，很大程度上削弱了其中所存有的价值。我国对农村经济粗放开发提供了一定技术支持，但是从长久发展角度分析，想要实现乡村环境持续有效的发展，还需要调整发展策略，充分发挥各类资源所具有的效益。景观规划设计作为乡村建设的一部分，也应遵循可持续性原则，政府应做好宣传工作，帮助当地老百姓转变老旧思想，认识到资源可持续性发展的必要性。以此作为基础，改变对自然环境以及各类资源处理的方法态度，提高资源开发的技术性，贯彻落实人与自然和谐发展理念，为“美丽乡村”建设打好基础。

二、美丽乡村景观规划设计实施策略

1. 实例分析

以浙江省乡村为例，新农村建设以来成效比较明显，按照当地政府要求，已经有大量农村完成住房改造，住房困难群众的救助活动的展开也比较顺利。浙江省为亚热带季风气候，共有 11 个市，乡村数量众多，据统计，乡村人口数量占到全部人口的 37.7%。大部分乡村受地理位置、经济水平、地形地貌等因素限制，存在较大的文化差异，具有明显的乡村风貌与文化特征。对其进行“美丽乡村”景观规划设计，可以从生态自然与人文历史方面综合进行，选择不同类型的典型乡村，对其道路交通、农居建筑、产业特色、人文景观、自然资源等进行综合调查分析。以杨山村为例，其为典型山地型乡村，目前依然保留大量古村落自然民居，地形有山地、谷地与台地 3 种，且村内常见存有小溪支流。经调查，村内只有一条水泥路面主干道与外界连接，且无绿化和防护，具有一定安全隐患，另外还保留有传统古道。受地形因素限制，当地以农业经济为主，产业结构单一，在进行新农村建设时，必须要充分挖掘当地存有的资源特色，并调整产业结构，发展高新经济产业。

2. 确定规划目标

要综合分析构成乡村环境的人居、生态、经济以及文化 4 个方面，无论采用何种规划方式，均需要保证 4 个方面维持有效的平衡性。“美丽乡村”景观规划设计，要以设计学为依据，对乡村景观各要素进行特征分析与评价，充分挖掘其所具有的经济价值，建立特色文化景观，在保护生态环境的同时，开发新型产业，促进人与环境间的协调发展。

3. 规划应注意的问题

第一，盲目仿效。乡村景观规划与城市存在很大的差异，现在乡村居民对生活环境以及居住条件有着更高的要求，但是技术、经济等并不完善，缺乏对生态环境有效处理的正确指导，如果盲目仿效城市景观设计方法，必定不会获得良好效果。

第二，急功近利。现在“美丽乡村”景观规划设计已经成为新农村建设的要点，但是因为相关监督管理部门专业指导不足，对存在的问题监督管理不到位，再加上竞争压力，在建设过程中出现了盲目攀比、跟风的情况，过分注重短期效果，忽视还需长期发展必要性，而影响规划效果。

4. 景观规划要点

1）宜居性设计

从居民点景观、乡村道路景观以及乡村水系景观 3 个方面分析，提高乡村宜居性。

第一，乡村居民点是多以农业经济活动为主形成的聚落，浙江处于江南地区，乡村景观特征明显，居民点多以带状、团状、梯状等形式，在进行景观规划时，要保护好传统乡村建筑，如老街古巷、雕花木屋等，搭配周围生态展现当地自然、社会与文化背景。

第二，在原有乡村道路基本骨架上进行规划，结合村落布局结构，因地制宜、主次分明地规划路网，遵循安全、经济原则，实现景观与功能的融合。为提高景观效果，可以对路面材质、道路绿化、道路附属物等进行综合分析与搭配。

第三，水系景观。浙江农村水系发达，其为景观规划设计的要点，对存在的水塘进行绿化，选择乡村树种搭配地形、道路与水岸线进行种植，形成自然生态植物群落。同时控制水面植物密度，一般应控制在水面的三分之一。

2）宜业性设计

主要就是利用农田作为主要设计对象，利用其肌理、色彩、序列，在满足农业发展的同时，形成独特的景观环境。结合地形特点，对于高低不平、纵横交错的农田种植对应的作物，例如梯田即在保持农田原貌基础上，进行现代景观设计与保护，提倡自然生态美。而色彩塑造也是农田景观美学形象设计的要点，利用不同作物在不同季节所呈现出的颜色，通过合理的搭配，形成不同景观美学形象。

第四节　乡村住宅的规划设计实例：丁山河村拆迁农居安置点市政配套工程

乡村住宅局部展示详见图 7-3 ～图 7-6。

图 7-3　丁山河村拆迁农居安置点滨水透视图

图 7-4　丁山河村拆迁农居安置点沿路透视图

图 7-5　丁山河村拆迁农居安置点巷弄透视图

图 7-6　丁山河村拆迁农居安置点庭院透视图

一、建筑

1. 设计依据及设计要求

1）本设计遵照国家有关规范和标准

《民用建筑设计统一标准》（GB 50352—2019）；

《建筑设计防火规范》（2018 年版）（GB 50016—2006）；

《住宅设计规范》（GB 50096—2011）；

《住宅建筑规范》（GB 50368—2005）；

《汽车库、修车库、停车场设计防火规范》（GB 50067—2014）；

《无障碍设计规范》（GB 50763—2012）；

以及其他有关规范及标准。

2）本工程建筑为低层住宅建筑及多层公共建筑。建筑耐火等级：二级；抗震设防烈度：6 度。

2. 平面设计

居住区中住宅是建筑设计的主体，住宅单体平面设计应创造合理、健康、灵活、舒适、安全、个性化和符合审美要求的居住空间。住宅户型需要根据不同目标、客户群体进行不同的户型设计，这是住宅设计“以人为本”的基础。住宅不仅是人们生活起居的场所，同时也是人类精神生活的一种载体。“人性化”“个性化”空间需求已逐渐成为一种时尚，各种空间的住宅设计也越来越多地被人们所接受和享用。

本小区内户型设计与“杭派民居”组团院落式的布置密不可分。因组团院落内部均为人行系统，车行在外围，则户型设计分类为宅内南进车户型和北进车户型两种。根据不同组团院落空间中住宅组团的多样化，户型设计又可分为大进深、小面宽户型和小进深、大面宽户型。故本户型设计为 4 种户型。

本小区内户型占地均为 125m^2，高度 3 层，建筑单体轮廓简洁明快，利于结构与采光。

1）“四明”设计，提出以明厨、明卫、明厅、明卧“四明”为主的格局，同时兼顾舒适性、经济性、安全性和整体性。每户具有良好的通风、采光、观景的要求。

2）合理安排户型结构，户型布局合理，追求空间序列，体现现代户型特点。设计上考虑功能布置的灵活性，适应变化的需要。

3）各类管道及管井安排合理，水电管井集中设置，避免管线明露。

4）结合立面造型，预留空调室外机位置。

5）所有房间保证足够的窗地比。

6）合理做到“动静”分区、“净污”分区。

7）引入“生态建筑”设计手法，采光通风良好，尽量采用“自然与人的结合”。

8）考虑今后“民宿”产业的引入，增加住宅内部卫生间的布置。

3. 立面设计

粉墙黛瓦、天人合一：建筑形态结合本地的风土人情，继承传统“杭派民居”建筑的立面造型提炼营造出了一种清新、典雅、精致而又有新意的“杭派民居”建筑风格。外立面色彩基调为清淡素雅，清一色的白墙、灰砖、黑瓦，配合绛红色的硬木作为室外的雕饰，互相衬托，构成和谐的节奏，给建筑外观带来韵律之美。

江浙拥有丰富的地方建材资源，如木材、毛竹、石料、砖瓦等，本方案从用材到建筑装修用料均为就地取材。住宅底边外墙为砖砌，防潮而耐脏，上部为白色涂料粉墙，墙头用暗灰色线脚压顶，屋面以板瓦盖顶。门窗的框筒及花窗办多以青灰色的砖细做成，门、窗略分深浅地漆成棕色，扶手栏杆用绛红色。如此粉墙黛瓦的色调使得建筑与环境相互融合，相得益彰。

4. 剖面设计

地块内每户住宅均为 3 层，室内外高差 0.45m，一层层高 3.3m，二三层层高 3m，建筑檐口高度低于 10m，总高度低于 13m。

附技术图纸详见图 7-7 ～图 7-26。

图 7-7　丁山河村拆迁农居安置点总平面图

图 7-8　丁山河村拆迁农居安置点户型 A 效果图

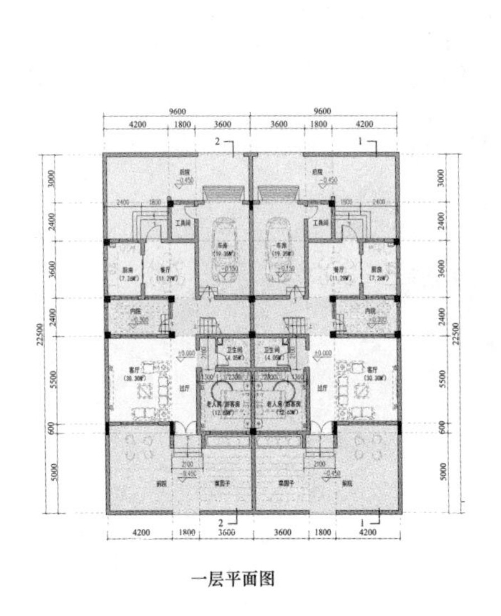

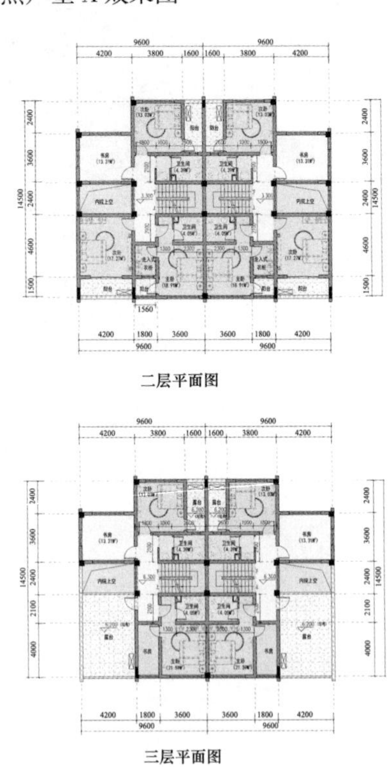

户型A

单户占地面积：125m²

单户建筑面积：376.8m²

地块内户数：45户

图 7-9　丁山河村拆迁农居安置点户型 A 平面图

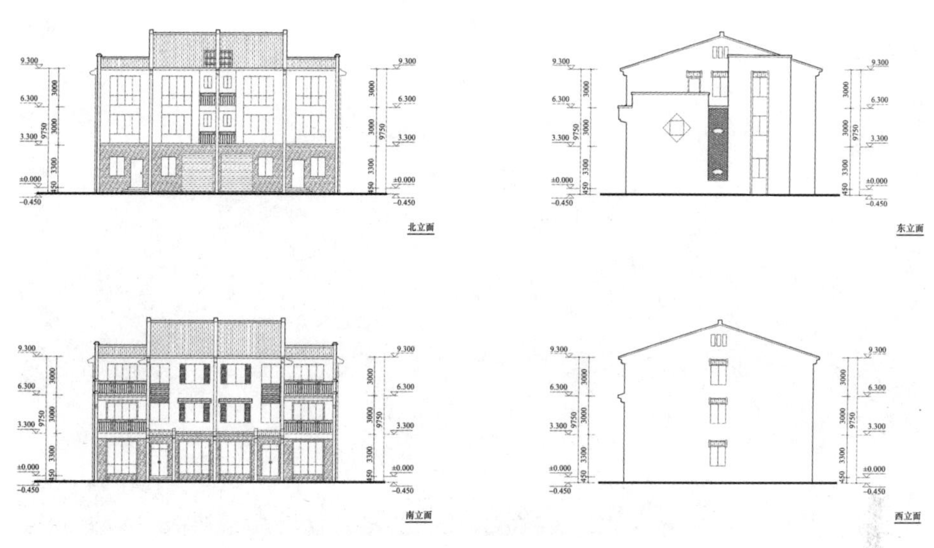

图 7-10　丁山河村拆迁农居安置点户型 A 立面图

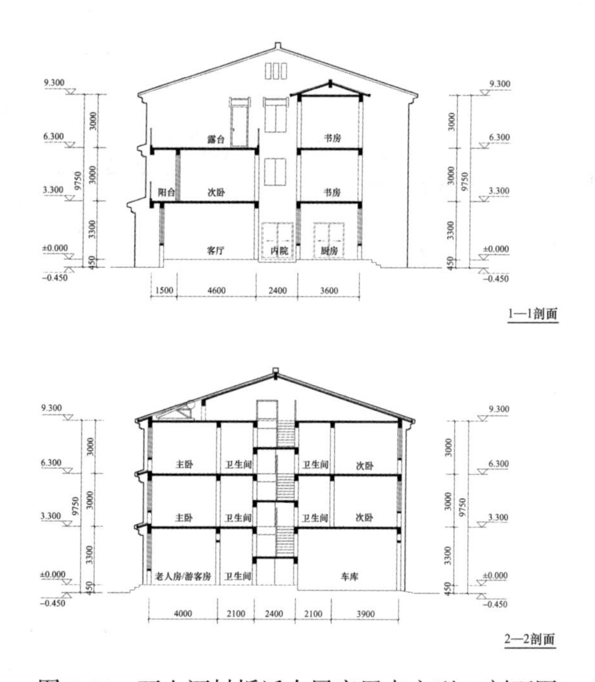

图 7-11　丁山河村拆迁农居安置点户型 A 剖面图

图 7-12　丁山河村拆迁农居安置点户型 B 效果图

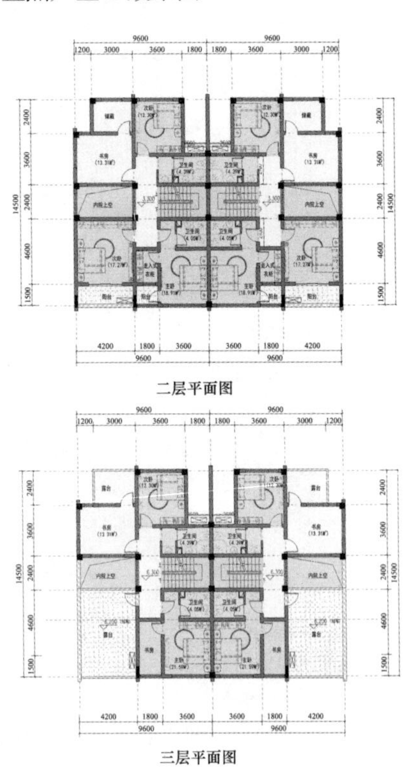

二层平面图

三层平面图

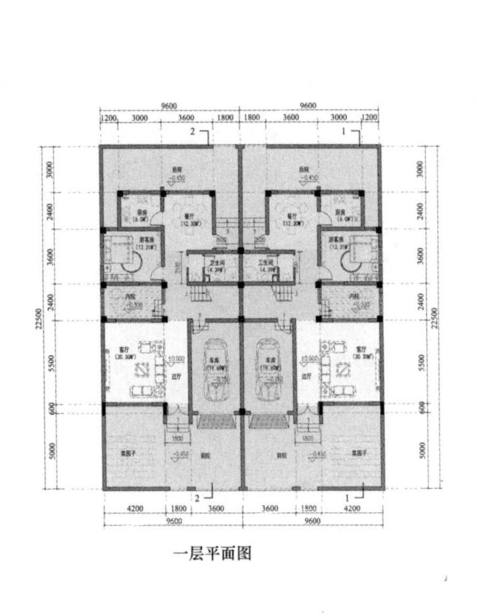

一层平面图

户型B
单户占地面积：125m^2
单户建筑面积：371.0m^2
地块内户数：5户

图 7-13　丁山河村拆迁农居安置点户型 B 平面图

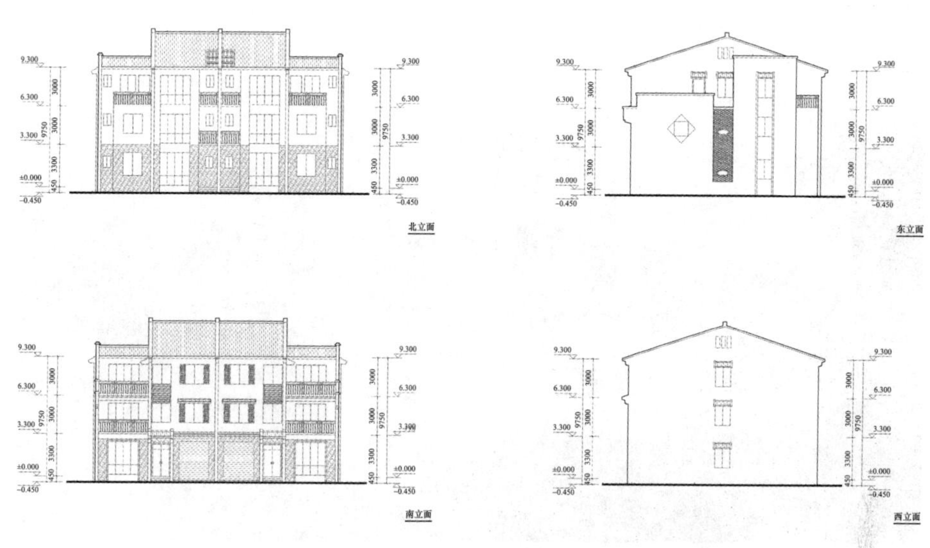

图 7-14　丁山河村拆迁农居安置点户型 B 立面图

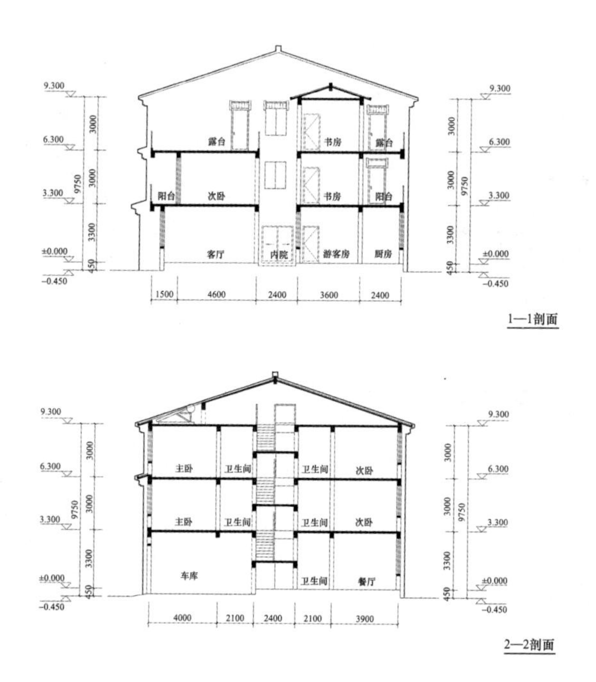

图 7-15　丁山河村拆迁农居安置点户型 B 剖面图

图 7-16　丁山河村拆迁农居安置点户型 C 效果图

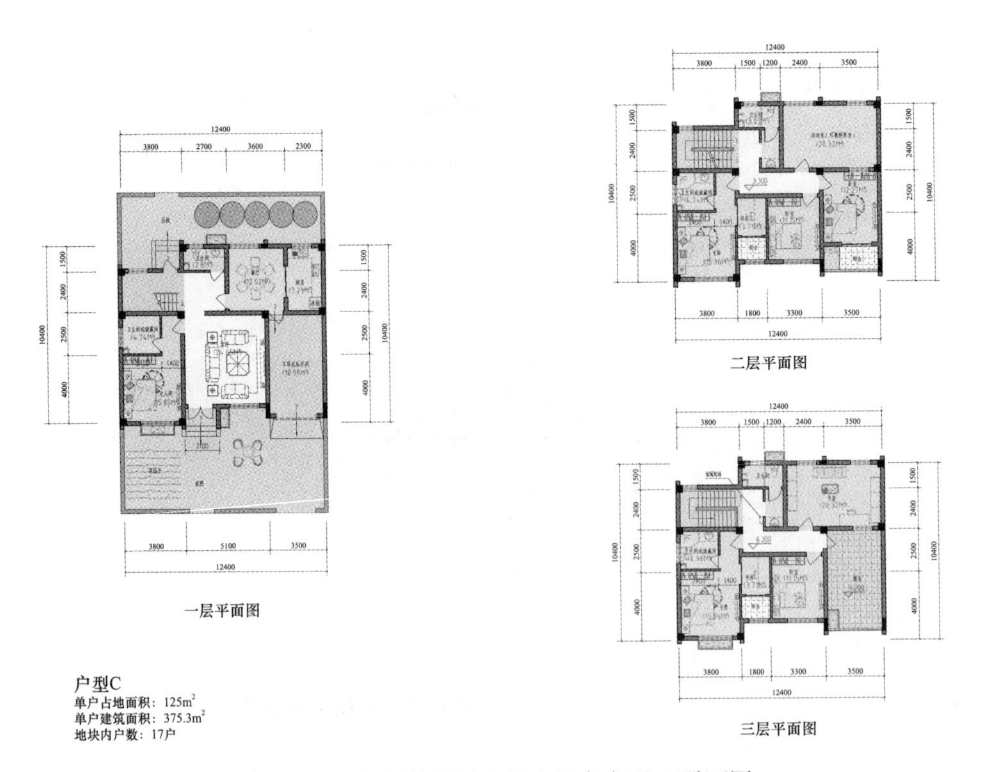

图 7-17　丁山河村拆迁农居安置点户型 C 平面图

图 7-18　丁山河村拆迁农居安置点户型 C 立面图

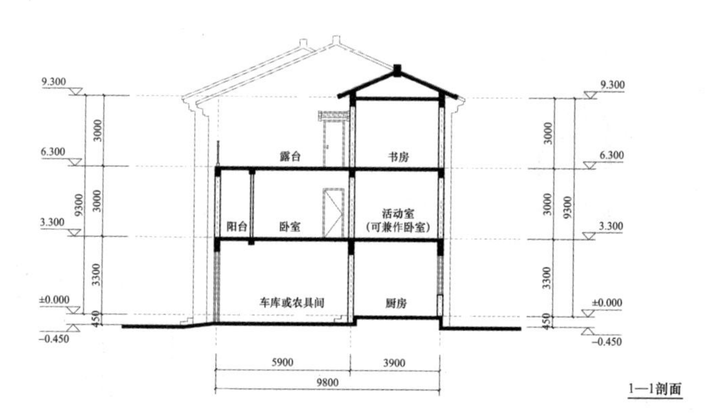

图 7-19　丁山河村拆迁农居安置点户型 C 剖面图

图 7-20　丁山河村拆迁农居安置点户型 D 效果图

图 7-21　丁山河村拆迁农居安置点户型 D 平面图

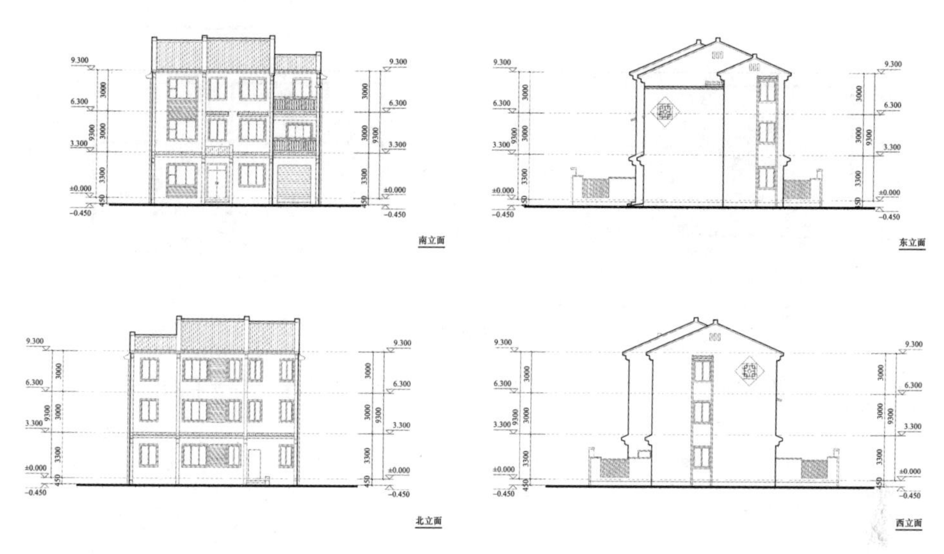

图 7-22　丁山河村拆迁农居安置点户型 D 立面图

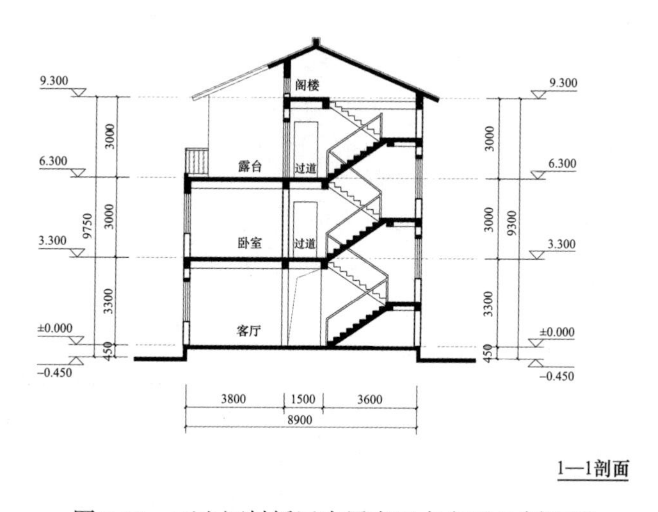

图 7-23　丁山河村拆迁农居安置点户型 D 剖面图

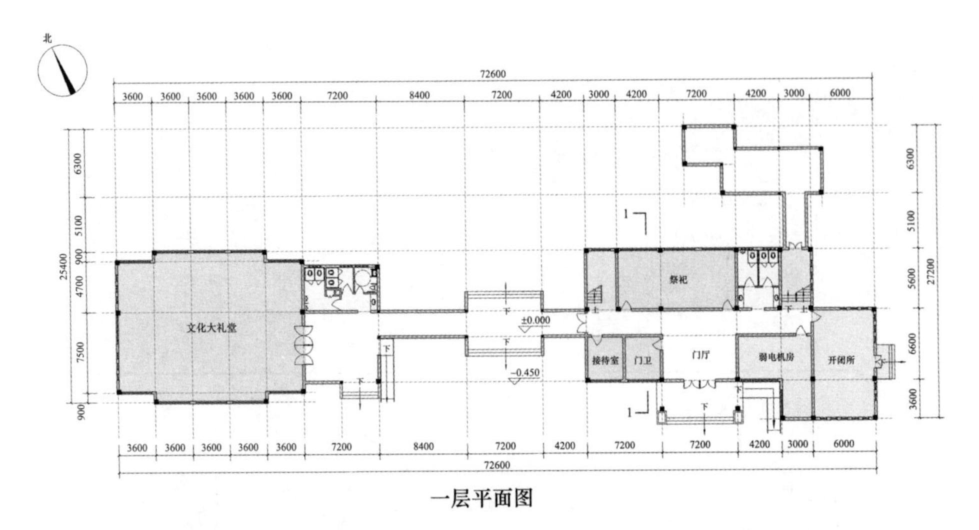

图 7-24　丁山河村拆迁农居安置点配套公共建筑一层平面图

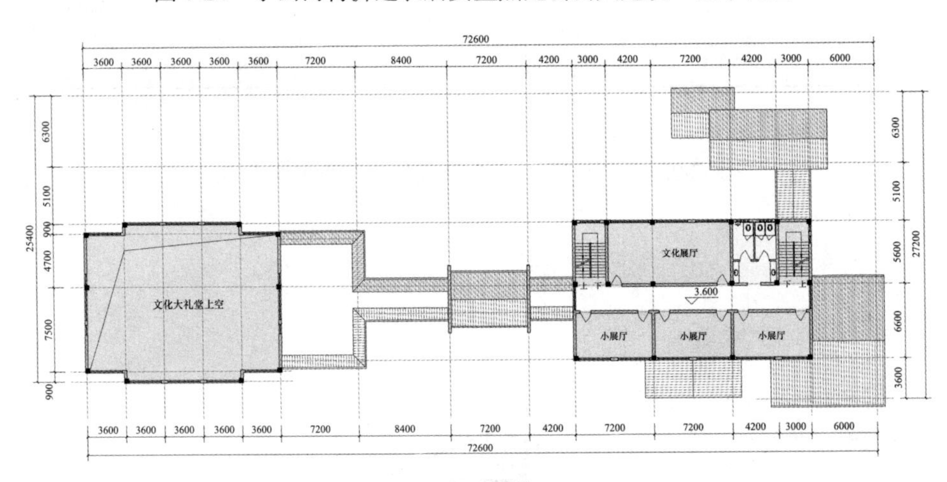

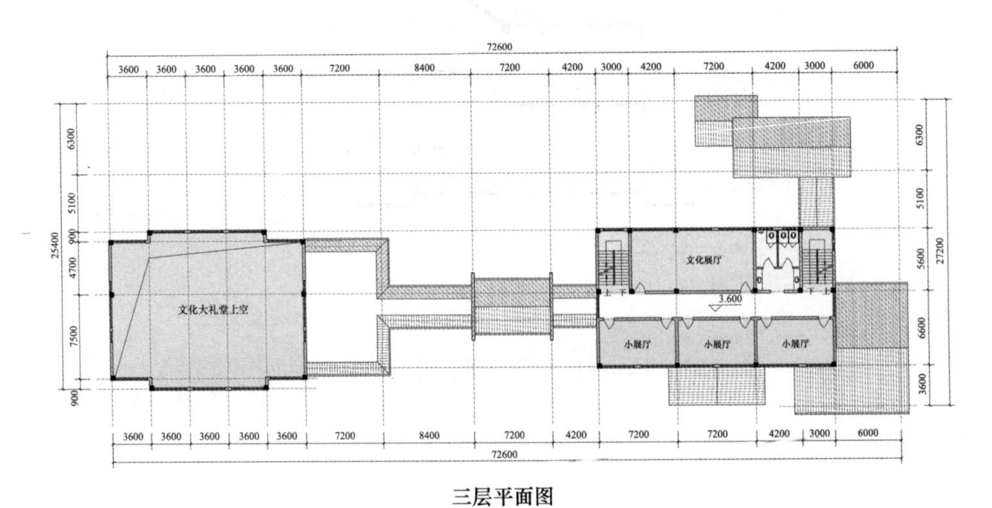

图 7-25　丁山河村拆迁农居安置点配套公共建筑二、三层平面图

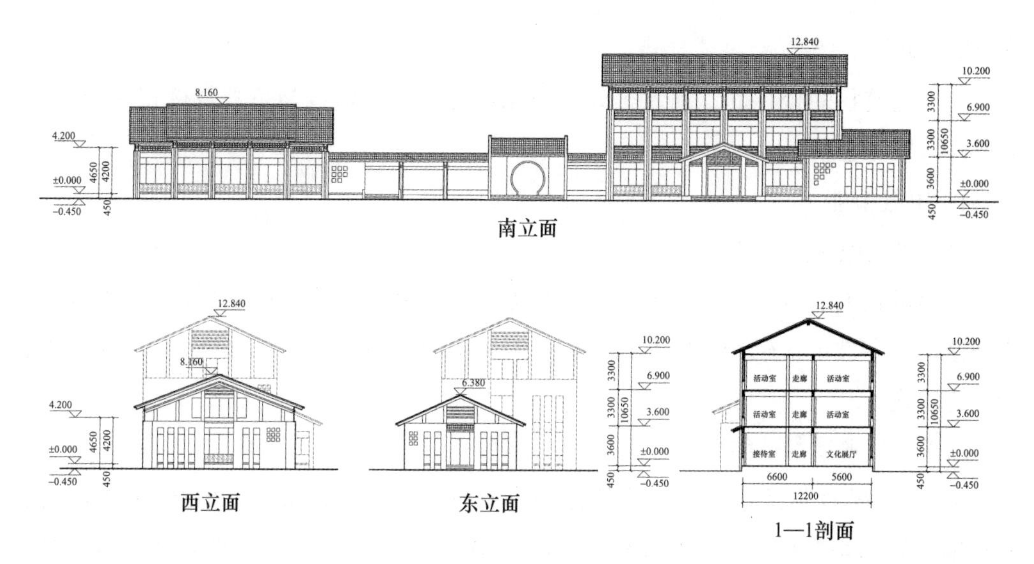

图 7-26　丁山河村拆迁农居安置点配套公共建筑立面、剖面图

5. 节能设计

1）设计依据

《民用建筑热工设计规范》（GB 50176—2016）；

《夏热冬冷地区居住建筑节能设计标准》（JGJ 134—2010）；

《浙江省民用建筑节能设计技术管理若干规定》（建设发〔2009〕218 号）；

《民用建筑外保温系统及外墙装饰防火暂行规定》（公通字〔2009〕46 号）；

以及其他有关规范及标准。

2）建筑设计

（1）建筑体形简洁方正，利于节能。

（2）屋面保温采用 65mm 厚挤塑聚苯板。

（3）墙体保温：外墙采用 240mm 厚蒸压加气混凝土砌块，35mm 厚挤塑聚苯板；内墙（分户墙）采用蒸压加气混凝土砌块自保温。

（4）门窗节能：窗保温隔热，采用断热铝合金中空玻璃；外门采用多功能户门。

建筑物 1 ～ 3 层的外窗及阳台门的气密性等级，不应低于国家标准《建筑外门窗气密、水密、抗风压性能分级及检测方法》（GB/T 7106—2008）规定的 4 级；采用彩色断热铝合金推拉（平开）门、窗，住宅玻璃根据不同朝向的节能指标采用相应中空白玻璃。

3）暖通设计

（1）围护结构传热系数均符合节能标准的要求。

（2）各建筑物设置空调室外机专用安放位置，可根据用户需要自行安装分体空调。空调设计室内温度夏季、冬季分别为 26℃、18℃。空调器应选用符合现行国家标准的节能型空调器。

（3）建筑物的楼梯间、前室等处均采用可开启的外窗或与室外直接相通的阳台、走廊自然采光通风。

4）电气节能

（1）供配电系统的节能

对容量较大、负载稳定且长期运行的功率因数较低的用电设备采用并联电容器就地补偿。对谐波电流较严重的非线性负荷，无功功率补偿考虑谐波的影响，采取抑制谐波的措施。

（2）电气照明的节能

① 本工程照明设计符合《建筑照明设计标准》（GB 50034—2013）中规定的照度标准、照明均匀度、统一眩光值 UGR、色温、显色指数 Ra、照明功率密度（简称 LPD）、效率 η 等相关要求。照明系统 LPD 值 / 照度值及选用光源等见表 7-1。

表 7-1 照明系统的 LPD 值及选用光源

场 所	照度标准值	光源及灯具	负荷密度（W/m^2）	安装方式	控制方式
门厅	300lx	吊灯、筒灯	≤ 11	—	集中控制
卧室	75lx	荧光灯	≤ 6	—	就地控制
厨房	100lx	荧光灯	≤ 6	—	集中控制
卫生间	100lx	节能筒灯	≤ 6	—	集中控制
配套用房	300lx	节能筒灯	≤ 10	—	就地控制

② 本工程照明设计采用高光效光源，荧光灯具采用 T5 或 T8 三基色荧光灯管及紧凑型三基色节能荧光灯。在满足眩光限制的条件下，优先选用效率高的灯具以及开敞式直接照明灯具，详见表 7-2、表 7-3。

表 7-2 直管形荧光灯灯具的效率表

灯具出光口形式	开敞式	保护罩（玻璃或塑料）		格 栅
		透 明	磨砂、棱镜	
灯具效率（%）	75%	70	55	65

表 7-3 紧凑型荧光灯灯具的效率表

灯具出光口形式	开敞式	保护罩	格 栅
灯具效率（%）	55	50	45

③ 设计在满足灯具最低允许安装高度及美观要求的前提下，已尽可能降低灯具的安装高度，以节约电能。

④ 本工程荧光灯采用电子型或节能型镇流器，所有镇流器必须符合该产品的国家能效标准，其他类型节能灯采用电子型。

⑤ 根据建筑物的特点、性质、功能、标准、使用要求等具体情况，对照明系统进行经济实用、合理有效的节能控制设计。

（3）建筑物功能照明的控制

所有区域自动控制的灯具皆通过回路接线可分别开启 1/2、1/3、1/4 的照明灯具，达到根据使用要求分级调节照度的目的。

卧室等小房间采用墙壁开关面板控制，并按天然采光状态及具体需要采取调节人工照明照度的控制措施。

有天然采光的大厅等采用光感应照度控制。

（4）走廊、门厅等公共场所的照明控制

走廊、楼梯间、门厅等公共场所的照明，采用集中控制，并按建筑使用条件和天然采光状况采取分区、分组控制措施，并按需要采取调光或降低照度的控制措施。

不经常使用的场所，如部分走道、楼梯间等采用节能自熄开关。应急照明灯具有应急时自动点亮的措施。

5）给排水节能

① 选用节能产品，控制用水量。

② 生活给水采用市政直供，充分利用市政水压。

③ 各用水单位均设水表计量，以利节水。

④ 水箱式座便器均采用 6L 水坐便器。其他用水器具需选用节水型产品，水龙头均采用陶瓷芯水龙头，公共卫生间小便器采用红外线感应式冲水器，蹲便器采用延时开关。通过系统分区供水方式控制各用水点流出水龙头。

⑤ 公共洗手间洗脸盆、洗手盆、淋浴器和小便器等洁具、采用延时自闭、感应自闭式水嘴阀门。

⑥ 住户预留太阳能室外机安装位置，并预留电气插座。

二、结构设计

1. 设计依据

本工程设计遵循的标准、规范、规定及规程详见表 7-4。

表 7-4　设计遵循的标准、规范、规定及规程

序号	标准名称	标准编号
1	建筑工程抗震设防分类标准	GB 50223—2008

续表

序号	标准名称	标准编号
2	建筑结构可靠度设计统一标准	GB 50068—2001
3	建筑结构荷载规范	GB 50009—2012
4	混凝土结构设计规范	GB 50010—2010
5	建筑地基基础设计规范	GB 50007—2011
6	建筑抗震设计规范	GB 50011—2010
7	高层建筑混凝土结构技术规程	JGJ 3—2010
8	地下工程防水技术规范	GB 50108—2008
9	建筑结构制图标准	GB/T 50105—2001
10	其他国家现行标准、规范及规程	

2. 设计总则详见表 7-5。

表 7-5 设计总则

结构的安全等级	二级	地基基础设计等级	丙级
设计使用年限	50 年	抗震设防类别	丙类

3. 自然条件详见表 7-6、表 7-7。

表 7-6 风雪荷载

基本风压	地面粗糙度	基本雪压
w_0=0.45kN/m^2（n=50） w_0 =0.50kN/m^2（n=100）	B 类	S_0=0.45kN/m^2（n=50） S_0=0.50kN/m^2（n=100）

表 7-7 抗震设防的有关参数

抗震设防烈度	设计基本地震加速度值	设计地震分组	建筑场地类别
6 度	0.50g	第一组	详勘时确定

4. 荷载取值

1）恒载按实际取值

2）活荷载取值

活荷载值按现行规范、规程、标准和实际情况取值。

主要活荷载取值按《建筑结构荷载规范》（GB 50009—2012）。其中，商店：3.5 kN/m^2，办公：2.0 kN/m^2。

3）基本风压取值

本工程为多层建筑，基本风压均按 50 年重现期的风压值采用。

5. 结构设计

1）地基基础

地基基础扩初阶段初步勘察后，确定方案。

2）抗侧力体系

抗侧力体系详见表 7-8。

表 7-8　抗侧力体系

子项名称	地下层数	地上结构层数	房屋结构高度（m）	结构体系	抗震等级
					框架
农居房	0	3	约 11	框架	四级
配套用房	0	3	约 10.6	框架	四级

3）楼盖体系

采用整体现浇主次梁楼盖体系，对于屋面位置，通过加强梁板配筋和采取可靠的保温隔热措施减小温度作用对结构的不利影响，尽量避免设结构缝。

4）整体分析

采用中国建筑科学研究院 PKPM 系列软件进行整体计算。

6. 主要建筑材料材质和强度等级

1）混凝土

混凝土详见表 7-9。

表 7-9　构件混凝土强度等级

序号	构件名称及范围	混凝土强度等级	混凝土抗渗等级
1	基础垫层	C15	
2	基础	C25	
3	上部结构	C25	
4	构造柱、过梁、圈梁等	C25	

混凝土耐久性分类。处于二 a 类环境部分：和土壤直接接触的构件、水池、集水坑；其余部分处于一类环境。

2）钢材、钢筋

钢材、钢筋：HRB400 钢。

型钢、钢板等：Q235B 钢。

3）焊条

HRB400 钢筋焊接：E55 系列。

4）砌块和砂浆

（1）± 0.000 以下墙体：采用 MU20 水泥实心砖，M7.5 水泥砂浆砌筑。

（2）± 0.000 以上墙体：采用页岩烧结多孔砖，表观密度 ≤ $13kN/m^3$，混合砂浆砌筑。

（3）本项目所有砌体均采用预拌砂浆。

第五节　乡村住宅的规划设计实例：东林镇泉益村美丽乡村精品村

一、商业综合体规划设计

利用社区服务中心东侧空地新建商业综合体。设计为前后两幢 3 层建筑，底层用连廊连接。整体建筑风格延续江南水乡粉墙黛瓦等水乡传统风格，运用马头墙形等构件营造建筑空间高低错落；运用花窗、木栅格装饰，形成古色古香的水乡传统建筑风貌（图 7-27）。

二、水乡特色渔庄规划设计

在新村北部水塘全域土地综合整治预留村庄商业服务业设施用地，面积约为 0.86 公顷，规划结合泉益村水乡文化、渔文化，以及泉益未来乡村旅游发展，在此设置水乡特色渔庄。

规划以“水乡怀旧”为设计理念，以二十世纪七八十年代水乡鱼塘塘埂边的“茅草棚”为设计原型，打造茅草屋形态的水乡特色渔庄，整个建筑以茅草屋的形式，临建于水边，与南侧的水面融为一体，营造传统的水乡风貌（图 7-28、图 7-29）。

三、柳编教室改造规划设计

在荡湾里公园北侧有一处水乡特色传统民居，南面面水，周边竹林围绕，利用其位置优势和良好的环境，通过外立面的改造和内部空间装饰，打造柳编教室，传统东林柳编文化（图 7-30、图 7-31）。

四、乡村大食堂改造规划设计

在荡湾里自然村西北侧有一处四面环水的传统水乡一层建筑，青砖柱子，白墙灰瓦，西侧另有半地下室辅房，曾是生产大队的食堂，规划将其打造成为乡村大食堂，让游客品尝传统特色小吃，并可在此体验传统美食的制作（图 7-32、图 7-33）。

五、怀旧民宿改造规划设计

民宿一：在荡湾里中部有一处住房，产权属于村集体，目前用于出租，规划通过外立面改造、围墙院落的打造，以及怀旧主题内部装修，将其打造成“水乡怀旧”主题民宿（图 7-34、图 7-35）。

民宿二：在荡湾里西部有一处村集体所有闲置用房，东南面临河，周边植被茂密，其正南侧河中有小岛一处，种有数枝桑树，规划将其打造成水乡民宿，同时结合周边场地打造滨水景观，打造乡村茶室（图 7-36、图 7-37）。

六、柳编文化展示馆改造规划设计

在泉家潭北部有一处厂房，二十世纪七八十年代的老柳编厂房，现为私人仓库。建筑面积约 $150m^2$。规划将其改造成为“柳编展示馆”（图 7-38、图 7-39）。

七、渔文化展示馆改造规划设计

在泉家潭彩虹桥北侧的民居曾为二十世纪七八十年代时的鱼市部，规划结合泉益渔文化，打造渔文化展示馆，展示泉益传统的水乡渔文化（图 7-40、图 7-41）。

八、网红爆鱼面馆改造规划设计

泉家潭有一网红食品——爆鱼面，规划结合其南侧已经整治完成的仿古建筑，围绕该爆鱼面馆进行改造，形成古色古香的商业空间。并拆除滨水建筑，将泉家潭的滨水长廊进行连通（图 7-42、图 7-43）。

九、荡湾里入口民居改造规划设计

该民居位于荡湾里入口处，作为村庄门面，规划对其进行改造（图 7-44、图 7-45）。

图 7-27　东林镇泉益村美丽乡村精品村商业综合体效果图

图 7-28　东林镇泉益村美丽乡村精品村水乡特色渔庄俯视效果图

图 7-29　东林镇泉益村美丽乡村精品村水乡特色渔庄正视效果图

图 7-30　柳编教室现状

图 7-31　柳编教室改造后视效果图

图 7-32　乡村大食堂现状

图 7-33　乡村大食堂改造后效果图

图 7-34　民宿一现状

图 7-35　民宿一改造后效果图

图 7-36　民宿二现状

图 7-37　民宿二改造后效果图

图 7-38　柳编文化展示馆现状

图 7-39　柳编文化展示馆改造后效果图

图 7-40　渔文化展示馆现状

图 7-41　渔文化展示馆改造后效果图

图 7-42　网红爆鱼面馆现状

图 7-43　网红爆鱼面馆改造后效果图

图 7-44　荡湾里入口民居现状

图 7-45　荡湾里入口民居改造后效果图

参考文献

［1］中华人民共和国住房和城乡建设部．城市居住区规划设计标准：GB 50180—2018［S］．北京：中国建筑工业出版社，2018.

［2］中华人民共和国住房和城乡建设部．城市用地分类与规划建设用地标准：GB 50137—2011［S］．北京：中国计划出版社，2010.

［3］中华人民共和国公安部．农村防火规范：GB 50039—2010［S］．北京：中国计划出版社，2010.

［4］中华人民共和国国家质量监督检验检疫总局．美丽乡村建设指南：GB/T 32000—2015［S］．北京：中国标准出版社，2015.

［5］中华人民共和国公安部．建筑设计防火规范：GB 50016—2014（2018 年版）［S］．北京：中国计划出版社，2014.

［6］国家能源局．农村电力网规划设计导则：DL/T 5118—2010［S］．北京：中国电力出版社，2011.

［7］中华人民共和国国家质量监督检验检疫总局．村镇规划卫生规范：GB 18055—2012［S］．北京：中国标准出版社，2013.

［8］浙江省住房和城乡建设厅．浙江省村庄设计导则［S］．浙江，2015.

［9］中华人民共和国公安部．城市消防站建设标准：建标 152-2017［S］．北京：中国计划出版社，2017.

［10］天津市城市规划设计研究院．乡村公共服务设施规划标准：CECS 354—2013［S］．北京：中国计划出版社，2017.

［11］马虎臣，马振州，程艳艳．美丽乡村规划与施工新技术［M］．北京：机械工业出版社，2015.

［12］金兆森．农村规划与村庄整治［M］．北京：化学工业出版社，2008.

［13］方明，邵爱云．新农村建设村庄治理研究［M］．北京：中国建筑工业出版社，2006.

［14］刘宗群，黎明．绿色住宅绿化环境技术［M］．北京：化学工业出版社，2008.

［15］张勃，骆中钊，李松梅．小城镇街道与广场设计［M］．北京：化学工业出版社，

2011.
[16]谢燕玲 . 城乡公共服务设施规划配置建议［J］. 四川建材，2018，44（8）：51-52.
[17]廖飞翔 . 农村消防安全存在的问题及对策分析［J］. 科技创新与应用，2015，114（2）：190.
[18]张长忠，宋玉芳 . 农网改造中的农村低压电网规划与设计［J］. 环球市场，2017，000（002）：151.
[19]张成 . 美丽乡村建筑规划设计原则探析［J］. 住宅与房地产，2017，253（23）：273.
[20]田亚光 . 农村道路规划设计浅谈［J］. 科技资讯，2015，000（014）：115.
[21]陈晓华，张小林，梁丹 . 国外城市化进程中乡村发展与建设实践及其启示［J］. 世界地理研究，2005，14（3）：13-18.